三峡库区典型小流域水土保持工程空间效益评估

程冬兵　赵元凌　沈盛彧　肖　潇　等　著

科学出版社

北京

内 容 简 介

本书紧密围绕水土保持工程空间效益评估主题，筛选出 5 条已实施水土保持治理的典型小流域，采用倾斜摄影测量、深度学习、核素示踪、模型模拟等先进技术手段，围绕"减少入库泥沙"和"改善库区水质"的目标，系统论述三峡库区典型小流域水土保持工程空间效益评估相关成果，旨在为三峡库区水土保持与生态建设提供科学依据和技术支撑。

本书可供广大三峡库区水土流失综合治理的行政管理部门相关人员、水土保持科研工作者及相关技术人员参考使用。

图书在版编目（CIP）数据

三峡库区典型小流域水土保持工程空间效益评估/程冬兵等著. —北京：科学出版社，2023.6
ISBN 978-7-03-074637-5

Ⅰ.① 三⋯ Ⅱ.① 程⋯ Ⅲ.① 三峡水利工程-小流域-水土保持-研究 Ⅳ.① TV632 ②S157

中国国家版本馆 CIP 数据核字（2023）第 013218 号

责任编辑：何 念 张 慧/责任校对：高 嵘
责任印制：彭 超/封面设计：无极书装

科 学 出 版 社 出版
北京东黄城根北街 16 号
邮政编码：100717
http://www.sciencep.com

武汉精一佳印刷有限公司印刷
科学出版社发行 各地新华书店经销
*
开本：787×1092 1/16
2023 年 6 月第 一 版 印张：11 1/2
2023 年 6 月第一次印刷 字数：271 000
定价：116.00 元
（如有印装质量问题，我社负责调换）

程冬兵，男，汉族，博士，教授级高级工程师，1979 年 11 月出生于江西省乐平市，2008 年 6 月进入长江科学院水土保持研究所工作，现任副总工程师；担任南方水土保持研究会理事、湖北省水土保持学会理事、中国水土保持学会科技协作工作委员会委员等社会兼职；长期从事水土保持相关科研与应用管理工作，完成或正在进行的科研项目 40 余项，公开发表论文 50 余篇，出版著作 5 部，主编团体标准 1 部、地方定额 2 部，参编国家标准 1 部、行业标准 2 部。

Preface
前　言

　　三峡库区作为长江经济带的重要组成部分，是国家级水土流失重点防治区（全国水土保持八大重点治理片及重要生态敏感区）。三峡库区由于其特殊的地理位置，备受各方关注，尤其是三峡库区水土流失严重、生态环境脆弱，其生态保护与修复工作一直是热点话题。水土保持是生态建设的主体，三峡库区水土保持工程历来受到党中央、国务院高度重视，随着"长治"工程、退耕还林、坡耕地整治等国家级、省级重大项目、专项治理工程的相继实施，三峡库区水土保持工作成效显著，生态环境日益改善，水土流失面积从 20 世纪 80 年代 3.88×10^4 km² （占三峡库区土地面积的 66.90%），下降到 2018 年 1.92×10^4 km² （占三峡库区土地面积的 33.28%）。

　　水土保持工作，尤其是以小流域为单元的水土流失综合治理工作，对库区生态环境改善功不可没。各项水土保持工程措施的实施，不仅能够减少入库泥沙，而且能够削减伴随水土流失的面源污染，改善库区水质，这是被社会多方普遍接受的共识。但是水土保持对库区生态环境到底有多大贡献？减少了多少泥沙？减排了多少污染物？这些问题一直困扰相关部门，很多专家学者尝试通过监测、试验等方法，定量化评估水土保持效益，取得了重大进展：如通过水土流失动态监测，基本掌握三峡库区水土流失现状；通过坡面小区观测试验，基本摸清各项水土保持工程措施对水沙及污染物的调控机制；水土保持效益评估方面，通过试验与模型相结合，基本实现定量化评估保土减沙效益。这些一定程度上回答了水土保持对改善生态环境的贡献。然而，随着精细化管理的推进，新问题新困惑接踵而来，如小流域出口处泥沙来自小流域具体哪个地块或图斑？泥沙如何运移？各项综合治理措施减沙贡献是多少？其有效水土保持控制范围多大？过去传统的方法和思路难以很好地解决这类新问题。

　　基于此，笔者试图在传统方法的基础上，增加一个空间维度，探索三峡库区水土保持工程空间效益，进一步揭示小流域水土流失主要发生地，厘清不同水土保持措施效益贡献，直观展示水土保持效益发生点位，分析水土保持工程措施有效空间辐射域，为三峡库区水土保持精准施策提供依据。同时，针对存在的不足，探索提出基于保土减污的小流域水土保持提质增效模式，为三峡库区水土保持高质量发展提供参考。

　　全书共分为 6 章：第 1 章主要论述三峡库区水土流失与水土保持现状，介绍研究区概况和研究方法；第 2 章主要阐述典型小流域数据采集处理过程和水土保持工程空间分布特征；第 3 章详细分析典型小流域治理前后水土流失与面源污染状况；第 4、5

章系统评估典型小流域水土保持工程效益评估和空间分析；第 6 章基于小流域治理存在的不足，探索性提出保土减污的小流域水土保持提质增效模式。

全书由程冬兵、赵元凌、沈盛彧、肖潇等共同撰写。第 1 章由程冬兵、沈盛彧、赵元凌撰写，第 2 章由沈盛彧撰写，第 3 章由赵元凌、李国忠、程冬兵撰写，第 4 章由赵元凌、程冬兵、李国忠、李昊、邹翔撰写，第 5 章由肖潇、李国忠、徐坚、赵保成撰写，第 6 章由程冬兵撰写。程冬兵负责全书统稿。

由于作者水平有限，不妥之处在所难免，敬请各位同行专家和读者批评指正。

程冬兵

2022 年 5 月于武汉

Contents

目　录

绪　论

1.1　三峡库区水土流失与水土保持

1.1.1　三峡库区水土流失治理

三峡库区水土流失治理始于 20 世纪 80 年代初期，1983 年水利部将湖北省宜昌、秭归、巴东三县列入葛洲坝库区水土保持重点防治县。1988 年，鉴于长江上游水土流失的严重性及三峡工程建设的需要，国务院以国函〔1988〕66 号《国务院关于将长江上游列为全国水土保持重点防治区的批复》，确定将长江上游、金沙江下游及毕节地区、陇南及陕南地区、嘉陵江中下游和三峡库区水土流失严重区列入全国水土保持重点防治区，实施长江上游水土流失重点防治工程（简称"长治"工程），其中三峡库区的治理范围涉及湖北、重庆两省市的 21 个县（市、区），三峡库区大规模的水土流失治理也由此拉开帷幕（廖纯艳，2009）。据统计，"长治"工程在三峡库区治理水土流失的面积为 1.88×10^4 km²（赵健 等，2015）。2006 年《关于划分国家级水土流失重点防治区的公告》将三峡库区列为国家级水土流失重点治理区。2010 年《三峡库区水土保持规划》获国家批复，水土保持工作进入新阶段。2013 年《全国水土保持规划国家级水土流失重点预防区和重点治理区复核划分成果》再次确定三峡库区为国家级水土流失重点治理区。随着国家水土保持重点治理工程、坡耕地水土流失综合治理工程、退耕还林工程、天然林保护工程、土地整治工程、库周绿化示范工程等各类生态建设项目的相继实施，三峡库区水土保持生态建设越来越受党中央、国务院和各级政府的重视。

三峡库区水土流失综合治理措施体系由坡面整治工程（包括坡改梯、坡面水系、田间道路、坡面植物篱等措施）、沟道工程（包括谷坊、拦沙坝、塘堰整治等措施）、水土保持林草工程（包括水土保持林、经济果木林、种草等措施）、生态修复工程（包括补植、沼气池、围栏、圈舍、封禁治理等措施）及人居环境试点工程（包括垃圾处理、改水改厕、污水处理等措施）五部分组成，其中以坡改梯、坡面水系、水土保持林、经济果木林（以下简称"经果林"）、封禁治理最为常见。

经过几十年的治理，三峡库区县（区）域水土流失状况得到明显缓解，生态环境显著改善。据统计，20 世纪 80 年代，三峡库区水土流失面积为 3.88×10^4 km²，占三峡库区土地总面积的 66.90%。到 2000 年，三峡库区水土流失面积为 2.96×10^4 km²，占三峡库区土地总面积的 51.00%，与 20 世纪 80 年代相比，水土流失面积减少 15.90%。到 2010 年，三峡库区水土流失面积减少到 2.36×10^4 km²，占三峡库区土地总面积的 40.90%，与 20 世纪 80 年代、2000 年相比，水土流失面积分别减少 26.00%、10.10%。到 2018 年，三峡库区水土流失面积减少到 1.92×10^4 km²，占三峡库区土地总面积的

33.28%，与 20 世纪 80 年代、2000 年、2010 年相比，水土流失面积分别减少 33.62%、17.72%、7.62%（中华人民共和国水利部，2018；中华人民共和国水利部，2011；廖纯艳，2009；中华人民共和国水利部，2003）。

1.1.2　水土保持效益评估

水土保持效益评估是水土保持工作的重要组成部分。科学合理的效益评估可为改善和预防水土流失、保护和改良水土资源、促进生态系统良性循环、社会经济系统健康发展提供决策支持，也为水土保持措施布局与优化提供客观标准（李智广 等，1998）。

中国学者早在 20 世纪 50 年代初就通过设立径流小区等方式对比不同水土保持措施的拦沙效应（潘希 等，2020），迄今已有 70 多年的历史，是世界上较早开展水土保持效益评估的国家之一。为评估水土保持工程效益，展现水土保持在生态环境建设中的作用，推动水土保持效益评估标准化，国家技术监督局 1995 年发布了国家标准《水土保持综合治理效益计算方法》（GB/T 15774—1995），规定了水土保持综合治理效益，包括基础效益、经济效益、社会效益和生态效益 4 个方面，并统一了评价指标与测算方法。后来，众多学者以此为基础，围绕水土保持效益评估，在指标和方法等方面开展了深入的研究（王昌高 等，2003；王禹生 等，1999），极大推动了我国水土保持效益评估工作的发展。随着遥感（remote sensing，RS）、地理信息系统（geographic information system，GIS）、全球导航卫星系统（global navigation satellite system，GNSS）3S 技术的迅速普及和广泛应用，以及我国对水土保持工作的重视和推进，水土保持效益评估也进入到快速发展阶段。水土保持效益评估主要特点为：①评价对象更为全面，涉及以防治自然水土流失为目标的小流域综合治理，和以防治人为水土流失为目标的生产建设项目水土保持两大领域（王泽元 等，2016）；②评价方法不断更新，从依靠定性描述发展为采用数据统计、模型模拟、人工智能等定量评价（徐伟铭 等，2016；廖炜 等，2014；刘彬彬 等，2014；李梦辰，2013；吴高伟 等，2008；楼文高，2007；韦杰 等，2007）。新方法和新技术的应用，在快速提升我国水土保持效益评估水平的同时，也提高了水土保持效益评估的科学性和准确性。

在水土保持效益评估方法方面，国外相关研究较少且较为单一，主要集中于水土保持工程措施所带来的经济效益（徐伟铭 等，2016；陈衍泰 等，2004）。研究人员和管理者提出多种方法对已实施的水土保持工程措施进行评价，其过程主要是基于层次分析法构建指标体系，再通过专家咨询法、文献频数法或主成分分析法赋予指标权重，最终运用评价方法完成效益评估。研究方法的探索经历了由简到繁、由主观到客观的发展过程，由之前的简单对比和分析项目区治理前后的各项指标数值变化情况，逐渐转向于应用定量评价模型的多因素综合评价方法，（潘希 等，2020）。2008 年，国家标准《水土保持综合治理效益计算方法》（GB/T 15774—2008）对我国水土保持效益评估起到了重要的推动作用，而且目前全国大部分相关评价工作仍以该方法为基础。

在水土保持效益指标方面，国家标准《水土保持综合治理效益计算方法》（GB/T 15774—2008）规定了基础效益（15 项指标）、经济效益（7 项指标）、社会效益（13 项指标）和生态效益（8 项指标）4 类共计 43 项指标。以《水土保持综合治理效益计算方法》（GB/T 15774—2008）为主要构架，国内学者基于评价目的，结合研究区特点、专家选取、以往学者的共识及指标数据可量化和可获取性等，提出各自研究所需的效益评估指标体系（赵建民 等，2012；尹辉 等，2010；姚文波 等，2009）。国外学者对水土保持效益指标有不同的研究视角：Lambert 等（2007）选用水土保持投入及产出相关的经济效益指标对水土保持效益进行了评价；Carter 等（2009）通过对不同植被状态的耕地生物多样性、植物寄生生物密度、容积密度及 C、N 含量的测定来评价水土保持效益；Hernández 等（2005）通过测定 K、P、C、N 等元素在不同试验区的含量情况，分析了橄榄园在土壤贫瘠的沙质土壤上的水土保持效益；Pimentel 等（1995）认为很多方法可以用来估算水土保持带来的效益，比如直接测算工程的实施可以给我们带来的具体价值，还可以测算人们为了维护生态系统稳定的支付意愿等；Trimble（1999）分析了土壤侵蚀和河流泥沙输移与人类的生产和生活之间的关系，使用的评价方法是基于水文观测数据和河流断面测量数据等构建的一套适用的评价指标体系，指标涵盖坡面侵蚀、河道冲淤等方面。

总体而言，水土保持效益可以通过多方面多项指标来反映，但在实际效益评估时不可能应有尽有、面面俱到，对其涉及的所有方面进行评价，只能按照工程治理的目的等主要因素筛选出与评价目的相关度较高的部分典型指标。因此人们在进行水土保持效益评估时，常把评价区域内部所有因素作为一个整体，水土保持活动作为整体的变量，水土保持活动对整体可产生多方面的影响，应结合评价的目的及区域特点等因素，从中筛选出与评价目的相关度较高的部分典型指标，构建水土保持综合效益评估指标体系，比选合适的评价模型，对评价区域进行总体评价（王国振，2020）。

水土保持保土减沙效益评估主要侧重于评估水土保持工程措施对土壤资源原位截留、减少土壤运移流失的效益，评估方法主要有三种（张平仓 等，2017）：第一种是布设不同条件下的径流小区，对水土流失进行观测统计，以此推算类似下垫面条件地块的减沙保土量，其优点是可以直观反映水土保持效益，主要应用于坡面尺度，但缺点是由于实际下垫面条件千差万别，设置径流小区缺项难免，区域或小流域地块划分及对照计算难以实现，而且也需要专门修建观测设施；第二种是布设水文卡口站，通过观测某区域或小流域出口处径流泥沙，统计分析间隔一段时期后某区域或小流域水土保持保土减沙效益，其优点是可以整体反映某区域或小流域情况，但缺点是需要专门布设监测设施，目前大多数小流域都难以实现，而且监测结果难以反映某区域或小流域的局部特征和贡献；第三种是模型模拟，将区域或小流域划分为若干网格，采用某种模型分别计算每个网格土壤流失量，直观反映局部的水土流失特征，再通过计算，统计分析区域或小流域土壤流失量，加上时间维度，即可计算水土保持保土减沙效益，该方法优点是无需布设相关硬件设施，也可以反映整体和局部效益贡献，但缺点是需要找到合适的模型，因此模型成为该方法的关键。目前对于区域或小流域尺度水土保持保土减沙效益评估，大多采用的是模型模拟法，根据建模时是否考虑侵蚀机理过程，可将众多土壤侵蚀模型分为两大类，即经验模型与物理模型。经验模型是通过长期野外观测的资料，利用统计分析的方法将土壤侵蚀因子与侵蚀量进行拟合，最终得出土壤侵蚀模型；物理模型则是通过分析土壤侵蚀的机理过程，建立侵蚀因子与土壤侵蚀过程之间的物理关系，并以此建立土壤侵蚀模型（蔡强国 等，2003；符素华 等，2002；郑粉莉 等，2001）。与物理模型相比，经验模型形式简单且所需数据容易获取，因此在全世界广泛应用。土壤侵蚀定量评价与预测主要利用经验模型，较为常用的经验模型有通用土壤流失方程（universal soil loss equation，USLE）（Wischmeier et al.，1965）、修正的通用土壤流失方程（revised universal soil loss equation，RUSLE）（Renard et al.，1997）及中国土壤流失方程（Chinese soil loss equation，CSLE）（刘宝元 等，2010）。

1.1.3　水土保持提质增效

水土流失与水资源短缺、水生态破坏、水环境污染三大水问题密切相关，解决三大水问题必须要搞好水土保持（张金慧 等，2019）。我国水土流失量大面广的基本现状并没有得到根本性改变，广大农村居民在相当长时期内仍依靠土地生存发展，一些贫困地区水土流失依然严重，急需补齐治理短板，提升治理速度和质量，提供更多生态产品以满足人民群众对美好生活的需求。统筹生产生活生态，以长江、黄河为代表的大江大河上中游、东北黑土区、西南岩溶区、南水北调水源区、三峡库区等为水土流失重点区域，通过政策机制创新，加快推进坡耕地综合整治、侵蚀沟治理、生态清洁小流域建设和贫困地区小流域综合治理，以小流域为单元，以山青、水净、村美、民富为目标，开展小流域综合治理提质增效试点，充分发挥水土保持在推进生态文明建设、脱贫攻坚和乡村振兴等中央重大战略中的作用（蒲朝勇，2019）。"十四五"时期，要认真贯彻落实习近平生态文明思想，以提高水土保持率为目标，以推进水土流失减量降级与提质增效并重为主线，以健全制度和强化落实为核心，以体制机制和科技创新为动力，全面强化人为水土流失监管，科学推进水土流失综合治理，着力提升监测支撑能力，为建设人与自然和谐共生的现代化提供支撑。特别强调要坚持山水林田湖草沙系统治理，结合区域重大战略、区域协调发展战略、主体功能区战略，统筹考虑水土流失状况、经济社会发展要求和老百姓需求，尊重规律，科学确定水土流失综合治理布局。对黄河中游、长江上游、东北黑土区等水土流失严重区域，重在加快治理速度，实施重点治理，补齐生态系统短板（蒲朝勇，2021）。

1.2 　研究区概况

三峡库区是指受长江三峡工程淹没的地区及有移民任务的 26 个行政区。三峡库区地处四川盆地与长江中下游平原的结合区，跨越鄂中山区峡谷及川东岭谷地带，北屏大巴山、南依川鄂高原。鉴于三峡库区面域广阔，选择 5 条典型小流域，以点带面，开展本书的研究工作。研究区典型小流域清单见表 1-1。

表 1-1 　研究区典型小流域清单

序号	小流域名称	地理位置	面积/km²	备注
1	群英小流域	重庆涪陵	9.88	边界范围是根据无人机航测数据进行地形分析后裁剪确定
2	安民小流域	重庆万州	11.29	
3	北山小流域	重庆巫山	6.89	
4	王家桥小流域	湖北秭归	16.44	
5	户溪小流域	湖北兴山	12.98	
合计			57.48	

1.2.1 　群英小流域

涪陵区位于重庆市中部，属水土保持区划中四级区——渝中平行岭谷保土人居环境维护区，地处三峡库区腹地，流域内坡耕地问题突出，生态环境问题较多，水土流失严重，滑坡泥石流频发，是三峡库区内最具有典型性和代表性的区域之一。受气候条件和地形地貌影响，该区域水土流失类型主要有水力侵蚀和重力侵蚀两种。水力侵蚀以面蚀和沟蚀为主；重力侵蚀以滑坡、崩塌为主，主要发生在溪沟两岸和陡坡地上。

群英小流域位于涪陵区青羊镇群英村，面积为 9.88 km²，属中亚热带湿润季风气候，多年平均降雨量为 1 072.2 mm，多年平均气温为 18.1 ℃；植被属于中亚热带常绿阔叶林和北亚热带常绿落叶阔叶混交林，植被覆盖率为 40.13%；地形地貌以低山丘陵为主；土壤主要为紫色土；土地利用以耕地为主，占 49.75%；治理前人为不合理农业开发问题突出，水土流失较为严重，水土流失率近 69.00%，水土流失主要分布在坡耕地、疏林地地块上。2018 年水利部实施了国家水土保持重点工程，主要工程措施为经果林、田间道路、坡面水系等，其他部门实施了部分河道整治等工程。

1.2.2 　安民小流域

万州区位于重庆市东北部，属水土保持区划中四级区——渝中平行岭谷保土人居环境维护区，地处三峡库区腹地，是渝东北及整个三峡库区的社会经济中心与交通枢纽，属亚热带季风湿润气候，以山地、丘陵为主，伴有河流阶地、浅丘平坝，流域内沟壑纵横，地质地貌复杂，由于地势起伏大、耕作活动集中等特点，水土流失较为严重。

安民小流域位于万州区梨树乡安民村，面积为 11.29 km²，多年平均降雨量为 1 368.5 mm，多年平均气温为 19.2℃；植被属于中亚热带常绿阔叶林和北亚热带常绿落叶阔叶混交林，植被覆盖率为 46.93%；地形地貌以低山丘陵为主；土壤主要为紫色土和黄壤土；土地利用以耕地为主，占 47.32%；治理前耕地面积较大，集中连片，水土流失较为严重，水土流失率约为 53.00%。按照乡村振兴"产业兴旺，生态宜居，乡风文明，治理有效，生活富裕"的总要求，2018 年水利部实施了坡耕地水土流失综合治理项目，主要工程措施为坡改梯、田间道路、坡面水系等。

1.2.3　北山小流域

巫山县位于重庆市东部，属水土保持区划中四级区——渝东北大巴山山地保土生态维护区，地处三峡库区腹地，素有"渝东北门户"之称。巫山县土壤侵蚀类型以水力侵蚀为主，局部有崩塌、滑坡等重力侵蚀。水力侵蚀以面蚀和沟蚀为主，面蚀主要发生在坡耕地、荒山坡和植被稀疏的林地；沟蚀主要发生在坡耕地、岩性松软的裸露山坡和部分溪河边。重力侵蚀主要发生在河道、沟谷两岸。

北山小流域位于巫山县骡坪镇北山村，面积为 6.89 km²，属中亚热带湿润季风气候，多年平均降雨量为 1 500.0 mm，多年平均气温为 14.0℃；植被属于亚热带阔叶林，植被覆盖率为 55.65%；地形地貌以中、低山为主；土壤主要为黄壤土和紫色土；土地利用以林地为主，占 52.61%；治理前土地利用较为粗放，水土流失较为严重，水土流失率达 85.00%，水土流失主要发生在坡耕地和疏幼林地中。2020 年水利部实施了国家水土保持重点工程项目，主要工程措施为坡改梯、经果林等。

1.2.4　王家桥小流域

秭归县位于湖北省西部，属水土保持区划中四级区——鄂西大巴山南坡保土区，地处三峡库区西陵峡段，紧邻三峡大坝，是三峡大坝坝上库首第一县，在三峡库区具有极其重要的生态地位。由于山高坡陡，林分结构差，耕作不合理，水土流失严重，自然生态环境较为恶劣。

王家桥小流域位于秭归县水田坝乡，面积为 16.44 km²，属中亚热带大陆性季风气候，多年平均降雨量为 1 013.0 mm，多年平均气温为 18.0℃；植被主要为人工种植的次生植被，植被覆盖率为 66.20%；地形地貌以中低山为主；土壤主要为紫色土和水稻土；土地利用以林地为主，占 44.50%；治理前人为不合理开发问题突出，原生植被破坏严重，水土流失也较为严重，水土流失率近 70.00%，水土流失主要发生在果园、坡耕地和疏幼林地中。王家桥小流域自 1989 年被列入"长治"工程，主要工程措施为坡改梯、经果林、坡面水系等。

1.2.5　户溪小流域

兴山县位于湖北省西部，属水土保持区划中四级区——鄂西大巴山荆山山地生态维护区，地处长江西陵峡北侧、大巴山余脉与巫山余脉交汇处，由于气候条件和地形地貌原因，水土流失较为严重。水土流失类型主要有水力侵蚀、崩塌、滑坡、泥石流。从地类分布上看，水土流失以坡耕地为主，占水土流失总量的 40.00% 以上；其次是荒山荒坡和疏、残、幼林地。水、土地、能源和矿产资源的大规模开发利用及基础设施建设也导致人为水土流失比较严重。

户溪小流域位于兴山县黄粮镇下辖的户溪村、后山村，面积为 12.98 km²，属中亚热带湿润季风气候，多年平均降雨量为 1 100.0 mm，多年平均气温为 15.3 ℃；植被属于中亚热带常绿阔叶林和北亚热带常绿落叶阔叶混交林，植被覆盖率为 50.77%；地形地貌以低山丘陵为主；土壤主要为黄棕壤；土地利用以耕地为主，占 57.53%；治理前人为不合理农业开发问题突出，水土流失率为 51.00%，主要发生在疏幼林地和坡耕地中。2018 年水利部实施了岩溶地区石漠化治理工程，主要工程措施为封禁保护、坡改梯、坡面水系等。

1.3　数据分析与效益评估

1.3.1　数据采集与处理技术

1. 倾斜摄影测量技术

1）基本原理

无人机倾斜摄影测量技术是近十几年来国际测绘领域倡导的一项新型摄影测量技术（图 1-1）。相对于正射摄影，该技术从一个正射和四个倾斜共五个角度同步采集无人机影像，可获得丰富的地貌地物俯视与侧视的高分辨率纹理信息。无人机倾斜摄影测量技术不仅能全面真实反映地貌地物情况，而且通过高精度定位、摄影测量、三维重建，可获得高分辨率、高精度的虚拟三维模型、数字正射影像图（digital orthophoto map，DOM）和数字表面模型（digital surface model，DSM）。

倾斜影像通过四个具有一定倾角（大约为 42°）的专业航摄相机获取，其特点：①多视点、多视角，侧视信息详尽；②分辨率高、视场角大，内容丰富；③同一拍摄对象具有多重分辨率；④受竖立地物遮挡严重。

图 1-1 倾斜摄影测量示意图

针对这些特点，倾斜摄影测量技术通常包括影像几何校正、区域网联合平差、多视影像匹配、DSM 生成、正射纠正、三维建模等关键内容，其基本原理如图 1-2 所示。

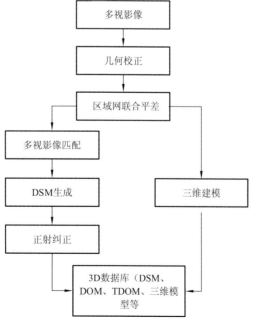

图 1-2 倾斜摄影测量基本原理图

TDOM（true digital orthophoto map）为真数字正射影像图

2）技术流程

（1）确定典型小流域范围。针对现场调研和考察确定的 5 个典型小流域，分别下载覆盖重庆涪陵群英小流域、重庆万州安民小流域、重庆巫山北山小流域、湖北秭归王家桥小流域、湖北兴山户溪小流域的最新先进星载热发射和反射辐射仪全球数字高程模型（advanced spaceborne thermal emission and reflection radiometer global digital elevation model，ASTER GDEM）。ASTER GDEM 高程数据利用 ArcMap 软件水文分析模块的填洼、流向计算、流量汇集、河网计算、河网链接、分水岭、河网分级、河网栅格化矢量、流域栅格转面等一系列操作，分析计算适合于分析研究的小流域边界线（shp 或 kmz 格式）。

（2）航线规划。收集查阅小流域的地形、地貌、气象、水文、植被等相关资料，并将小流域边界线叠加到谷歌地球上查看，了解小流域基本情况。基于小流域边界，利用无人机航线规划软件，按照航测精度和相机参数，设定航拍高度、影像航向和旁向重叠度等参数，进而完成航测区域划分和倾斜摄影的航线规划，确保全覆盖无漏洞。

（3）无人机航拍。应提前了解当地无人机禁飞情况，密切关注天气状况，确定具体航拍时间。准备设备包括硬件设备[如无人机、倾斜摄影相机、全球定位系统、全站仪、高配置笔记本电脑等]和软件（如航线规划软件、无人机影像拼接软件、分析处理软件 ArcGIS 等）。在确定的航拍范围内或航拍范围附近，现场选择视野开阔的无人机飞行起降点，特别要注意树木和山体遮挡、高压线、水域等情况，避免在雨、雪、雾、雷电等恶劣天气作业。打开无人机地面站软件中的预设航线，调整参数，确定实际飞行航线。在安装调试好无人机、倾斜摄影相机和地面站硬件设备后，执行全自动航线拍摄任务，并随时注意无人机位置和状态，直到整个飞行任务结束。

（4）像控点采集。根据航测要求，布设一定数量的均匀分布的地面标识作为控制点，其数量需满足摄影测量精度要求。控制点坐标的采集，采用全站仪进行测量，通过 GPS 进行定位，连接基准站（已知点）或者连续运行参考站（continuously operating reference station，CORS）实时坐标转换测得像控点坐标。以任意固定点做起算，将 WGS 84 坐标转换为 80 坐标。除控制点外，还可布设一定数量的解译标志，覆盖项目区的全部地物类型，为后续影像解译提供依据。

（5）摄影测量重建。首先将航拍影像和控制点整理归类，再按拼接区域将数据导入无人机影像拼接软件 Smart3D 中进行处理。自动拼接前，需手动在航拍影像上标注控制点，以提高拼接建模精度；其次形成照片阵列，对齐照片，自动搜索和匹配照片中的同名像点，同时估算出每张照片拍摄时的姿态，并对相机参数进行校正；然后基于估测出的相机位置和照片，通过空中三角测量，建立照片像素密集点云；最后基于密集点云，重建三角网，并生成纹理，还原小流域地貌植被模型，并导出小流域的 DOM 和 DSM 数据。

3）技术优势

当前国际商用卫星遥感影像最高空间分辨率为 0.3 m（WorldView-4），中国民用卫星遥感影像最高空间分辨率为 0.8 m（高分二号），数据使用成本相对无人机航测来说较低，可用于大范围水土流失监测工作，但对于项目精细化示范，分辨率略显不足，同时卫星影像仅为平面影像，不能较好满足山区小流域带地形坡度的土地利用类型和水土保持工程措施的解译。无人机倾斜摄影测量技术能够提高测量成果的精度，将测量精度由分米级提高到厘米级，并能提升测绘产品的空间维度，将空间维度由二维提升到三维，更好地满足山区小流域水土保持治理需求。

传统正射摄影测量以拍摄正射影像为主，能获得地形和地物的正射信息，但无法获取山区小流域复杂地形的斜面、侧面信息。无人机倾斜摄影三维建模技术颠覆了传统摄影测量"人眼观测，立体测图"的测绘技术，所构建的三维模型及其服务平台可生产多样化的地理信息产品，提供实景三维模型（three-dimensional model，3DM）、数字表面模型、数字高程模型（digital elevation model，DEM）、数字线划图（digital line graph，DLG）、数字对象模型（digital object model，DOB）、TDOM，即 6D 产品，产品形式多样。同时倾斜摄影航拍作业时间与传统摄影测量作业时间相当，后期可依靠全自动集群处理实现智能测图，重建更精细、更精准的三维模型，便于后期土地利用类型和水土保持工程措施解译实施。

2. 深度学习技术

1）基本原理

深度学习起源于 20 世纪中叶基于仿生学的神经网络。近十年来，随着计算机算力的飞速提升，深度学习在文字、图像、视频、语音等多个领域分类、识别的性能和准确度突飞猛进，并形成一种对其他方法的碾压态势，成为机器学习领域最为活跃的一个新研究方向。深度学习能通过监督或非监督学习样本数据的内在规律，并通过高度抽象化的形式表征原始对象。通过不断改良和优化非线性的深层网络结构，深度学习逐渐具备类似于人一样的分析学习能力。

在计算机视觉、自然语言处理领域，卷积神经网络（convolutional neural network，CNN）是深度学习最经典的代表算法，其是一种包含卷积计算且具有深度结构的前馈神经网络，结构主要包括输入层、隐藏层（卷积层、池化层、全连接层）和输出层三大部分。卷积神经网络是通过仿造生物的视知觉机制所构建，可进行监督和非监督学习，卷积神经网络示意图如图 1-3 所示。

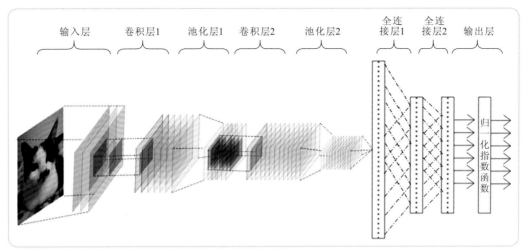

图 1-3　卷积神经网络示意图

在监督学习中，卷积神经网络采用了反向通路框架进行学习，其最初由 Lecun 等（1989）设计计算流程，并最早应用反向通路框架进行深度学习。反向通路框架主要分为三大部分，分别为全连接层、卷积层的反向传播和池化层的反向通路。虽然最初卷积神经网络是针对监督学习问题而设计，但后来逐渐发展出一系列非监督学习的各种范式，包括卷积自编码器（convolutional auto-encoder，CA-E）、卷积受限玻尔兹曼机（convolutional restricted Boltzmann machine，CRBM）、卷积深度信念网络（convolutional deep belief network，CDBN）和深度卷积生成对抗网络（deep convolutional generative adversarial network，DCGAN）等。

2）技术流程

（1）模型比选。对当前用于计算机视觉和遥感影像解译的卷积神经网络如 VGGNet、GoogLeNet 和 ResNet 等进行比选，利用已有模型预训练参数进行测试，确定最适合的深度学习模型，并进一步优化模型结构，重新定义损失函数，使其更加适用于水土保持工程措施的识别。

（2）大样本训练。将实景三维测图获得的 5 个典型小流域的 DOM 和 DSM 分别整理导出，按照方便处理和解译的原则对其进行规则格网划分，生成大量的解译单元。并通过协调获得三峡库区部分县市区的水土流失动态监测土地利用类型解译成果，选取其中 1~2 个小流域，对其进行水土保持工程措施及基本土地利用类型海量样本的标识，将其作为训练样本输入到模型中，获得适合于水土保持工程措施解译的深度学习模型。

（3）深度学习识别。将剩余的 3~4 个小流域的解译单元分别输入到深度学习模型，自动生成水土保持工程措施的解译成果。然后人工对自动解译成果全范围复核一遍，并进行适当调整与修改，进一步提高成果精度和准确度。

（4）水土保持工程信息提取。基于水土保持工程措施解译成果，结合现场调查的资料和照片，标注水土保持工程措施类型、分布，统计其数量，以及规程质量、运行情况、影响范围等信息，建立典型小流域水土保持工程信息库，分析小流域水土保持工程空间布局特征。

3）技术优势

传统的遥感影像解译分类方法分两种：监督分类和非监督分类。非监督分类产生的类别较难控制，结果通常不理想。监督分类要求对分类的地区必须要有先验的类别知识，即先要从所研究地区中选择出所有要区分的各类地物的训练区，用于建立判别函数。近年来，分类方法逐渐向机器学习的方向发展。传统机器学习方法，大都使用浅层结构，处理有限数量的样本，当目标对象具有丰富含义时，基于这些浅层结构学习到的特征表达，在处理复杂的分类问题时，表现性能及泛化能力均有明显不足。深度学习具有从海量图像数据中直接学习图像特征的强大功能。从计算机视觉的角度提取遥感图像信息，能够极大地提高对含有大量未知信息的遥感图像分类的精度。深度学习技术在山区小流域水土保持效益评估中，能够显著提高解译精度和效率。

1.3.2 效益评估指标与方法

1. 效益评估指标体系

紧密围绕"减少入库泥沙、改善库区水质"的目标，以国家标准《水土保持综合治理效益计算方法》（GB/T 15774—2008）中效益指标为构架，以实际指标可获取性为前提，筛选建立"减少入库泥沙、改善库区水质"的效益评估指标体系。

1）构建原则

（1）针对性原则。指标的选取应紧密围绕"减少入库泥沙、改善库区水质"的目标，针对性表达在减沙保土、减污提质方面的内涵和作用。

（2）科学性原则。指标来源应科学可靠，行业认可，充分反映某方面效益和作用，指标体系层次分明，结构和功能定位明确。

（3）可行性原则。指标的选择要考虑到指标数据的可量化、数据的可获取性等特点，保证实际评估工作操作可行。

（4）可推广原则。以服务三峡库区水土保持工程及同类项目的管理和决策为出发点，具有一定宏观指导性，指标体系可推广、可移植。

2）构建依据

（1）国家标准。《水土保持综合治理效益计算方法》（GB/T 15774—2008）规定了水土保持综合治理效益计算的原则、内容和方法，有效规范了该领域工作。

（2）目标导向。水土保持效益可以通过多方面多项指标来反映，但在实际效益评估时不可能应有尽有、面面俱到，对其涉及的所有方面进行评价，需要对照具体的目标需求，筛选出与评价目的相关度较高的典型指标，突出其某方面的功能。水土保持的目标为"减少入库泥沙、改善库区水质"，本书主要服务于三峡库区生态环境管理与建设，紧密围绕任务目标，在国家标准指标体系构架下，筛选建立基于"保土减污"的三峡库区水土保持效益评估指标体系。

3）指标体系

根据提出的构建原则和依据，"保土减污"的三峡库区水土保持效益评估指标体系分为两级，一级指标对应的评估目标设置为两个方面，根据具体指标表现形式，下分两个指标，其中：一个指标"减少入库泥沙"通过保土减沙、水土流失面积和水土流失强度来反映；另一个指标"改善库区水质"通过三峡库区主要面源污染物总氮（total nitrogen，TN）和总磷（total phosphorus，TP）来反映。在二级指标的基础上，进一步对指标量化，以便满足定量化评估要求。保土减沙通过土壤流失量表示，水土流失面积通过水土流失率表示，水土流失强度通过中度侵蚀及以上水土流失面积占比表示，TN 通过 TN 削减量表示，TP 通过 TP 削减量表示。效益评估指标体系详见表 1-2。

表 1-2 效益评估指标体系表

序号	一级指标	二级指标	指标描述
1		保土减沙	土壤流失量
2	减少入库泥沙	水土流失面积	水土流失率
3		水土流失强度	中度侵蚀及以上水土流失面积占比
4	改善库区水质	TN	TN 削减量
5		TP	TP 削减量

2. 评估方法与模型

1）水土流失评估方法

定量评价流域水土保持效益的方法众多，如层次分析法、集对分析法等，但是不管采用什么方法，都要经历同样的分析过程，即在整理历史实测资料的基础上划分评价单元，确定符合研究区实际情况的指标体系，进而求出指标体系中每个指标的权重，最后选取合理的评价模型，算出每个评价单元的目标改善程度。本书通过前期现场调研和数据搜集，发现除王家桥小流域外，其他 4 个小流域暂无径流和泥沙实测数据资料，获取现状和历史泥沙和水质数据存在现实困难，故层次分析和模糊数学方法等评价模型与本书研究条件不匹配，难以实现。

本书采用模型模拟法，即通过水土流失模型进行小流域土壤侵蚀模拟，对比小流域治理前后两个阶段的土壤侵蚀量，以此评估保土减沙效益。经比选 RUSLE 模型的每一个因子都有其固有的算法，在我国水土流失研究领域应用广泛。因此，本书采用 RUSLE 模型评估水土流失状况，其表达式如下：

$$A = R \times K \times L \times S \times C \times P \tag{1-1}$$

式中：A 为土壤侵蚀模数，t/（hm²·a）；R 为降雨侵蚀力因子，MJ·mm/（hm²·h·a）；K 为土壤可蚀性因子，t·hm²·h/（MJ·mm·hm²）；L 为坡长因子，量纲为一；S 为坡度因子，量纲为一；C 为覆盖与管理因子，量纲为一；P 为水土保持工程措施因子，量纲为一。

2）面源污染负荷评估方法

土壤养分流失会对土壤肥力造成影响，而且其是农田面源污染的主要形式，对水体污染贡献率较大。伴随着水土流失的土壤养分可以分为两类：一类是溶解态，即溶解在水中伴随径流过程汇入下游水体；另一类是吸附态，即吸附在土壤颗粒上伴随着土壤侵蚀过程汇入下游水体。溶解态土壤养分迁移过程十分复杂，且具有高度变异性，如农田一次施肥过程雨前、雨中、雨后施肥，流失的养分量都不同。吸附态土壤养分迁移过程相对稳定，因此可以通过建立模型模拟这部分土壤养分流失量。鉴于数据的可获取性，本书研究面源污染负荷评估仅考虑吸附态土壤养分。土壤养分流失负荷计算方法如下：

$$N = 0.001 \times C_S \times Er \times A \tag{1-2}$$

式中：N 为土壤养分流失量，t/（km²·a）；C_S 为土壤养分含量，g/kg；Er 为土壤养分的富集度，量纲为一；0.001 为单位转换系数。

3. 模型因子率定

1）水土流失评估模型因子率定

我国学者在运用 RUSLE 模型过程中，部分因子依然延续了原模型因子算法，而其余的则是采用符合我国实际的修正算法。此类修正算法中，有的算法在全国各地均有运用，体现出明显的普适性；有的算法则有着明显的区域性特征，是研究者专门针对小尺度区域的地理条件而建立的。因此本书结合三峡库区实际情况，在借鉴国内外学者针对三峡库区水土流失研究成果基础上对模型参数进行率定。

（1）降雨侵蚀力因子 R。借鉴以往研究经验，考虑数据的获取，采用仅需年降雨量和月降雨量数据的简易经验公式计算降雨侵蚀力因子 R，一般通过基于月平均降雨量和年平均降雨量的 Wischmeier（1959）公式计算：

$$R = \sum_{i=1}^{12} 1.735 \times 10^{\left(1.5 \times \lg \frac{p_i^2}{p}\right) - 0.8188} \tag{1-3}$$

式中：p_i 和 p 分别为月平均和年平均降雨量，mm。

此时得到的是空间上离散的年降雨侵蚀力，需利用 ArcGIS 软件的空间插值功能，采用克里金插值法，将年降雨侵蚀力从点值转换成面值，制作空间上连续的年降雨侵蚀力因子 R 图层，得到 R 的栅格图。

（2）土壤可蚀性因子 K。土壤可蚀性因子 K 指在降雨的作用下，土壤颗粒被分离和搬运的难易程度，反映了土壤对侵蚀的抵抗作用，与土壤质地和结构有较大关系。Wischmeier 等（1971）提出了土壤可蚀性因子 K 估算公式：

$$K = \frac{[2.1 \times 10^4 \times M^{1.14}(12 - C_{OM}) + 3.35 \times (S_g - 2) + 2.5 \times (p_e - 3)]}{100} \tag{1-4}$$

式中：$M = ($粉砂含量 $+$ 极细砂含量$) \times (1 -$ 黏粒含量$)$；C_{OM} 为土壤有机质含量[有机质（organic matter，OM）]；S_g 为土壤结构系数；p_e 为土壤渗透性等级。

但张科利等（2007）根据上述经验算式估算我国土壤可蚀性因子 K 时，发现估算结果与实测值有出入，最后根据实测资料对 Wischmeier 等（1971）公式作了相应修正，表达式为

$$K_m = -0.00911 + 0.55066K \tag{1-5}$$

式中：K_m 为修正后土壤可蚀性因子。

本书根据第二次土壤普查成果资料，计算得到三峡库区各土壤的 K_m（表 1-3），最后利用 ArcGIS 的空间分析功能确定三峡库区土壤可蚀性分布图，得到研究区 K 栅格图。

表 1-3 不同土壤类型的可蚀性因子 K_m 值

指标	土壤类型						
	石灰（岩）土	紫色土	水稻土	黄壤	棕壤	黄棕壤	暗黄棕壤
K_m	0.0171	0.0184	0.0185	0.0157	0.0072	0.0162	0.0182

（3）坡长因子 L 与坡度因子 S。在 ArcGIS 中利用流域的 DEM 数据提取出山脊线，然后利用距离（distance）模块计算每个栅格到山脊线的垂直距离，以此作为每个栅格的近似坡长，然后采用 Wischmeier 等（1965）提出的坡长因子 L 计算公式进行计算：

$$L = \left(\frac{\lambda}{22.13}\right)^{\alpha} \tag{1-6}$$

$$\alpha = \frac{\beta}{\beta + 1} \tag{1-7}$$

$$\beta = \frac{\sin\theta / 0.0896}{3.0 \times (\sin\theta)^{0.8} + 0.56} \tag{1-8}$$

式中：λ 为水平坡长；α 为坡长指数；22.13 为标准小区的坡长，m；θ 为利用 DEM 提取的坡度。

坡度因子 S 采用 Liu 等（1994）的陡坡计算公式：

$$\begin{cases} S=10.8\times\sin\theta+0.03, & \theta<9\% \\ S=16.8\times\sin\theta-0.50, & 9\%\leqslant\theta<14\% \\ S=10.8\times\sin\theta+0.03, & \theta\geqslant14\% \end{cases} \tag{1-9}$$

利用研究区 DEM 数据，在 ArcGIS 空间分析（spatial analysis）模块中的表面分析（surface analysis）功能提取坡度专题图，并转化为弧度单位，然后在光栅计算器（raster calculator）模块中计算得到流域的 S 栅格图。

（4）覆盖与管理因子 C。C 的计算首先利用等密度估算模型估算植被覆盖度 cov，其计算公式为

$$\mathrm{cov}=\frac{N-N_{\mathrm{soil}}}{N_{\mathrm{veg}}-N_{\mathrm{soil}}} \tag{1-10}$$

式中：N_{soil} 为裸地的归一化植被指数（normalized difference vegetation index，NDVI）值，其取值为对裸地的象元进行随机抽取统计的最低值；N_{veg} 为高纯度植被象元的 NDVI 值；N 为对草地象元进行随机抽取统计的最低值。

利用蔡崇法等（2001）建立的 C 与植被覆盖度之间的回归方程计算 C，方程如下：

$$C=0.650\,8-0.343\,6\lg\mathrm{cov} \tag{1-11}$$

式中：cov 为植被覆盖度，cov$\geqslant$78.3%时，$C=0$；cov$=0.0$%时，$C=1$。利用研究区不同时段 NDVI 图像分别对裸地和植被进行随机抽取统计最低值，得到 N_{soil} 和 N_{veg} 的值代入公式得到 cov 值，再根据 cov 值计算得到流域不同时段的 C 栅格图。

（5）水土保持工程措施因子 P。P 与下垫面的土地利用类型有关，根据蔡崇法等（2001）所提出的土地利用类型对 P 值的影响，确定不同土地利用类型的 P 值。之后在 ArcGIS 的光栅计算器模块中按照 P 值与土地利用类型的对应关系对栅格进行重分类，得到研究区的 P 栅格图。

2）面源污染评估因子率定

土壤侵蚀过程中养分流失普遍存在富集现象，富集率是进行非点源污染评价与预报的重要参数（叶芝菡 等，2009）。国内外氮、磷富集率研究表明：氮富集率变化于 0.99～8.17，集中在 1.11～2.99；磷富集率变化于 0.84～16.12，集中在 1.26～7.17。蔡崇法等（2001）对三峡库区的土壤养分富集率研究表明，三峡库区土壤 TN、TP 的富集度分别为 1.44、1.05。根据研究区域生态环境特征，采用蔡崇法等研究的参数。通过小流域不同土地利用地块采 3～5 个样，测试土壤养分含量，结果如表 1-4 所示。

表 1-4　各小流域土壤养分含量

指标	群英小流域	安民小流域	北山小流域	王家桥小流域	户溪小流域
TN/（g/kg）	1.060～1.296	2.051～2.507	1.242～1.518	0.896～1.095	0.861～1.053
TP/（g/kg）	0.424～0.518	0.816～0.998	0.499～0.609	0.360～0.440	0.347～0.424

4. 模型校正

通过修正的通用土壤流失方程计算具有实测泥沙监测的小流域土壤侵蚀模数，结合水文汇流分析进行累积求和获得小流域土壤流失量，再与小流域卡口站泥沙数据对照，即可获得测算值和实测值之间的差异性。

本书采用王家桥小流域监测点的实测值对模型测算值进行系数校正（表 1-5）。

表 1-5　王家桥小流域 2012～2020 年径流与产沙监测数据

指标	年份									平均
	2012	2013	2014	2015	2016	2017	2018	2019	2020	
径流量/m³	357 082	270 472	184 852	150 365	43 721	65 030	951 615	241 595	1928 237	465 885
产沙量/t	550.1	205.8	5300.2	12070.4	930.2	340.7	16210.7	200.4	935.2	4 082.6

将水土保持基础管理单元与径流泥沙进行空间关联和匹配，利用小流域出口获取的泥沙量实测数据，验证水土保持减少泥沙效益指数，计算模型参数。

$$G = n \cdot \text{Area}(x,y) \cdot \sum A(x,y) \tag{1-12}$$

式中：G 为小流域卡口泥沙量；n 为模型校正系数；$\text{Area}(x,y)$ 为栅格面积大小；$A(x,y)$ 为计算的土壤侵蚀模数；x、y 为网格坐标。

本书采用 2020 年度的专题数据计算王家桥小流域的土壤流失量为 4 064.84 t/a，与卡口站多年平均土壤流失量 4 082.60 t/a 进行对比获取校正系数为 1.004，具有较高的准确性，采用该系数依此进行其他无观测卡口站的小流域产沙量估算，进而评估其减少泥沙效益。

5. 效益评估流程

本书选取的 5 个小流域，均为采取水土保持工程措施治理后的典型小流域，由于治理前小流域本底数据缺乏，难以直接通过模型计算小流域在治理前的土壤侵蚀情况。为厘清不同的水土保持工程措施效益贡献，采用"空间换时间"置换法计算得出相关数据，该方法是将现有水土保持工程措施地块置换为无措施地块，具体实现过程为：基于 2020 年各小流域现状数据资料，通过修正的通用土壤流失方程各因子率定计算，开展 5 个典型小流域治理后土壤侵蚀模数计算，从而得到各小流域治理后土壤侵蚀现状。

因各小流域治理年份不一，工程年限和质量参差不齐，按时间序列进行工程效益评估会导致各小流域难以进行横向对比。因此本书假定各小流域治理前的状态全部为无工程措施的原始状态，通过"因子置换"在水土流失模型计算的过程中去掉水土保持工程措施因子，计算得到的结果为各小流域治理前的土壤侵蚀模数，得到各小流域本底状态下的土壤侵蚀情况。

结合王家桥小流域的卡口站实测数据，对模型计算得到的小流域土壤侵蚀量进行系数校正，考虑到三峡库区自然气候条件的一致性，将该系数推广到无实测数据资料的其他 4 个小流域，进而获得各小流域校正后的土壤侵蚀数据。

对"空间换时间"置换法计算得到的治理前后土壤侵蚀数据进行地理信息系统叠置分析，可得到治理前后土壤侵蚀变化及其空间分布。

通过典型小流域治理前后的土壤侵蚀和面源污染状况对比分析，叠加遥感解译的水土保持工程措施空间分布图层，对工程措施在保土和减污两方面的效益进行分析。借助 GIS 技术研究三峡库区典型小流域治理前后的土壤侵蚀空间分布特征，进一步分析土壤侵蚀强度空间变化与工程措施等因子间的关系，为三峡库区水土流失防治、土地资源的保护和合理利用提供科学依据，同时也可为整个三峡库区的水土流失研究和治理提供借鉴。

水土保持工程空间效益评估流程如图 1-4 所示。

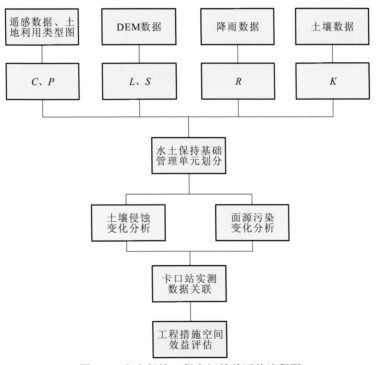

图 1-4　水土保持工程空间效益评估流程图

1.4　本章小结

（1）无人机倾斜摄影测量技术能够提高测量成果的精度，由分米级提高到厘米级，并能提升测绘产品的空间维度，由二维提升到三维，更好地满足山区小流域水土保持治理需求。深度学习具有从海量图像数据中直接学习图像特征表达的强大功能。从计算机视觉的角度提取遥感图像信息，能够极大地提高含有大量未知信息的遥感图像分类的精度，在山区小流域水土保持效益评估中，能够显著提高解译精度和效率。

（2）基于采集的相关专题数据，筛选建立"减少入库泥沙、改善库区水质"的效益评估二级指标体系，以修正的通用土壤流失方程为构架，通过优化相关参数，构建本书水土保持空间效益评估模型。基于遥感影像、DEM、降雨量、土壤类型、NDVI、土地利用等基础数据，采用"空间换时间"置换法，评估小流域治理前后水土流失与面源污染情况。

第 2 章

典型小流域水土保持工程空间分布

2.1　数据采集与处理

选择三峡库区 5 个典型小流域，采用遥感无人机航拍方式获取高精度三维影像，基于遥感影像地物识别、智能遥感分类等先进技术方法，结合现场调查复核，对水土保持工程类型、分布、数量、质量、运行情况、影响范围等信息进行收集，建立典型小流域水土保持工程信息库，分析小流域水土保持工程空间布局特征。技术流程主要分为实景三维测图和遥感智能解译两大阶段，其中实景三维测图包括外业航拍和内业拼接建模两部分；遥感智能解译包括内业解译和外业复核两部分。

2.1.1　实景三维测图

实景三维测图采用无人机倾斜摄影进行三维测图，主要包括倾斜影像与像控点的采集、解析空中三角测量、多视倾斜影像密集点云匹配、数字表面模型生成、表面纹理贴合、实景三维重建、三维测图等步骤，核心步骤是利用空中三角测量求解倾斜影像的外方位元素，再基于此进行多视倾斜影像密集点云匹配生成三维点云，贴合纹理完成三维重建，最后完成三维测图工作。

1. 技术要求

为了满足小流域范围内土地利用类型解译和水土保持工程措施解译的需要，需对秭归、兴山、巫山、万州、涪陵 5 个小流域进行全覆盖航空摄影测量，完成区域范围 1∶1000 比例尺的原始航拍影像、DOM、DSM 和三维建模影像图。

为保质保量完成航测任务，设计时按航测地面分辨率 10 cm 计划，实际航测是按 5～7 cm 地面分辨率执行。

2. 航拍设备

1）垂直起落无人机

闪电 F-25 垂直起降无人机采用全碳纤机架，具有强度高、耐腐蚀、耐瞬时超高温、热绝缘性强、电绝缘性强、电磁波穿透性高等特点，其外观和技术参数见图 2-1 和表 2-1。该机型对作业场地要求低，从起飞到降落全自动飞行，操作更简单，精度和效率更高。该无人机能按预定的航线自主飞行，航线控制精度高，飞行姿态平稳，针对长时间长距离航行时拍摄、监控、勘察、数据采集任务设计，拥有卓越的任务导航系统，适合远距离大范围飞行任务。

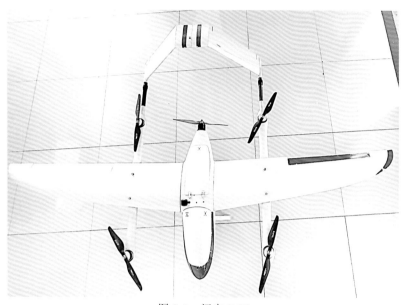

图 2-1　闪电 F-25

表 2-1　闪电 F-25 垂直起降无人机产品技术参数表

指标		参数值
机身	机身长/mm	1 480
	翼展长/mm	2 500
续航	最长续航时间/h	2.5
重量	标准任务载荷/kg	2
	最大起飞重量/kg	11
速度	续航速度/（km/h）	70～100
	最大飞行速度/（km/h）	110
飞行动态	自主飞行模式	GPS 导航
环境指标	工作温度/℃	−65～−20
	存储温度/℃	10～25
	工作湿度/%RH	10～95
	防水防尘	IP67
电池	电池容量	25 V，35 000 mAh
	使用时间/h	2.5

2）倾斜摄影相机

翼飞智能五镜头 W5 是翼飞智能针对倾斜摄影测量的产品，操作简便，性能稳定，具有高锐度画质，无论是三维建模还是地籍测量，均可稳定高效运行，提高外业作业效率，其外观和技术参数见图 2-2 和表 2-2。

图 2-2　翼飞智能五镜头 W5

表 2-2　翼飞智能五镜头 W5 技术参数

指标	参数值
适配飞行高度/mm	20～300
适配飞行速度/（m/s）	0～15
传感器类型	CMOS
传感器尺寸	23.5 mm×15.6 mm APS-C 画幅
镜头焦距	正射 25.0 mm；倾斜 35.0 mm 或倾斜正射 35.0 mm
侧镜头角度/（°）	45
单镜头像素/万	2 400.0
总像素/亿	1.2
最短曝光间隔/s	1.5
存储容量/G	320
读取速度/（M/s）	45
供电输入/V	12～35
工作温度/℃	-10～40
镜头	35.0 mm×4+(25.0 mm/35.0 mm)×1

注：APS-C（advanced photo system-classic）为先进摄影系统-经典型；CMOS（complementary metal oxide semiconductor）为互补金属氧化物半导体器件。

3. 实施过程

根据整体进度安排，实景三维测图的航测工作最先启动，具体航拍时间和参数信息如表 2-3 所示，航拍现场见图 2-3。

表 2-3 倾斜摄影测量航拍时间和参数信息表

序号	小流域名称	起飞点经纬度及海拔	驾次序号	相对航高/m	航线数量/条	总航程/km	航向重叠度/%	旁向重叠度/%	照片数量/张	航拍时间
1	群英小流域	经度 107.288 242° 纬度 29.474 741° 海拔 903 m	1	807	10	35.40	80	80	9 360	2021-6-4 11:00～15:00
			2	628	32	112.70	80	73		
2	安民小流域	经度 108.827 793° 纬度 30.665 366° 海拔 625 m	1	628	34	149.04	80	75	10 295	2021-5-19 12:00～17:00
3	北山小流域	经度 110.098 189° 纬度 31.170 330° 海拔 790 m	1	628	29	93.84	78	70	8 475	2021-5-9 13:00～17:00
			2	448	15	40.92	80	70		
4	王家桥小流域	经度 110.718 090° 纬度 31.092 228° 海拔 770 m	1	628	30	163.65	75	70	12 710	2021-5-7 13:00～17:00
			2	448	10	47.91	80	68		
5	户溪小流域	经度 110.850 248° 纬度 31.248 250° 海拔 1 048 m	1	628	36	142.02	75	70	10 910	2021-5-8 10:00～15:00
			2	448	24	58.95	80	70		
合计			—	—	220	844.43	—	—	51 750	—

图 2-3 航拍现场

王家桥小流域、户溪小流域、北山小流域、安民小流域、群英小流域各架次航线规划图，如图 2-4～图 2-8 所示。

图 2-4 王家桥小流域航线规划图

图 2-5　户溪小流域航线规划图

图 2-6　北山小流域航线规划图

图 2-7　安民小流域航线规划图

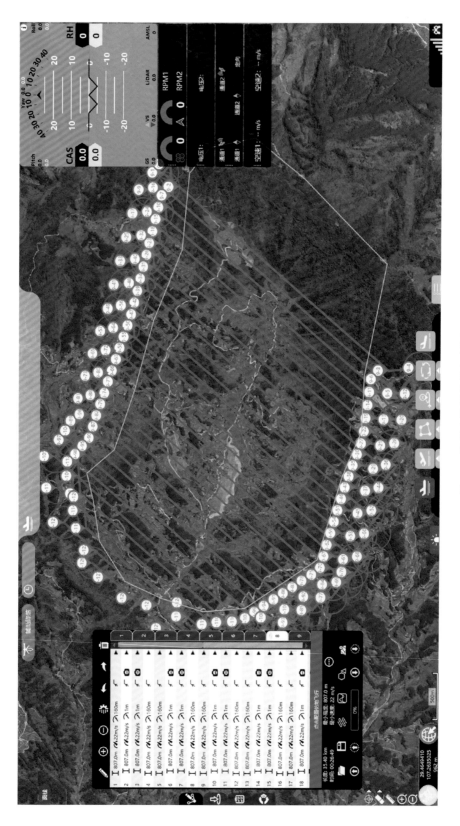

图 2-8　群英小流域航线规划图

4. 三维重建

采用 Smart3D 实景建模软件，根据多种类型的传感器对静态对象目标获取的影像集合进行全自动三维建模。该软件可以从多个角度获取静态建模主体的高重叠度影像、视频或点云数据并将其作为基础数据源，通过高精度的空中三角测量解算和平差，最终输出拥有精细纹理的高分辨率三维网格模型，同时还可以导出 DOM、DSM 和点动数据。

本次处理使用 4 台英特尔 i9-10900x 中央处理器、随机存储器 64 G，配备 2 T 固态硬盘的工作站，通过千兆交换机组成高性能集群进行并行处理，1 台主机，3 台从机，具体的如图 2-9～图 2-11 所示。

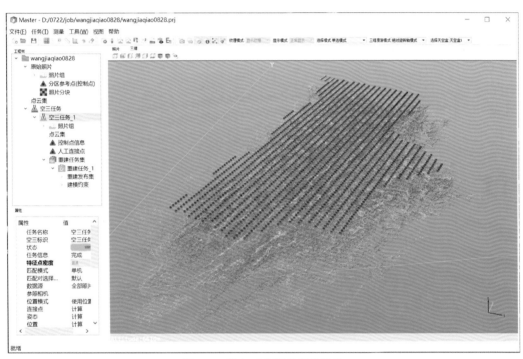

图 2-9　空中三角测量任务操作

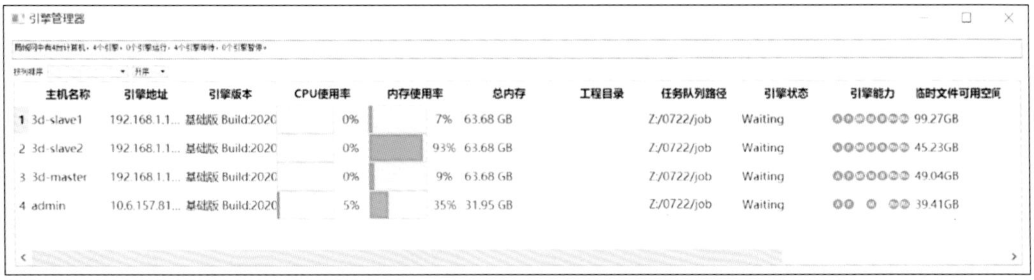

图 2-10　集群并行处理

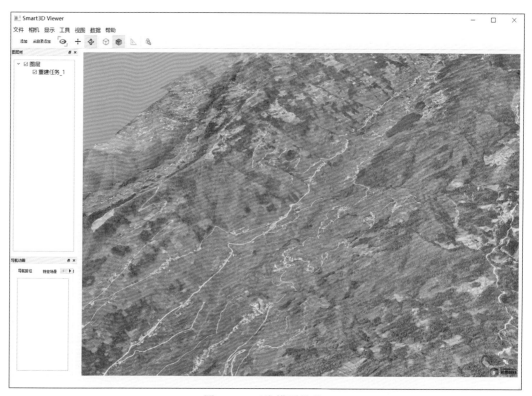

图 2-11　三维模型效果

2.1.2　遥感智能解译

传统遥感影像处理方法是基于像素级别进行处理，其主要依据遥感影像极其丰富的光谱信息及在当时分辨率情况下不同地物间光谱差异较为明显的特性，但通过此方法进行影像分类的结果常常是带有"椒盐"现象的分类图像，尤其对于波段数量不多的光学影像，其分类准确度并不高，不利于后续相关空间分析处理。

近 20 年来，随着面向对象思想的盛行，面向对象遥感影像分析技术也逐渐发展成为当前最主流、最成熟的遥感影像处理技术之一，其分析能力强大，准确度较传统方法有一定提升，基于影像分割可以与真实世界地表建立较为匹配的映射模型。同时当今风靡全球科研和技术领域的深度学习技术，因其优秀的特征学习能力和深层结构两大特点，在遥感影像处理中成绩斐然，分类精度大幅提升，因此备受推崇。与传统人工设计的特征不同，深度学习的特征学习能根据不同对象和场景从海量数据中自动分析和学习其内在联系和高级特征。与早期神经网络相比，其深层结构拥有更多层的隐藏层节点，具有更为强大的非线性变换能力，能更好地拟合复杂模型。为了保证解译专题成果的精度和质量，人工目视解译仍必不可少，因此本书实施时探索使用了"面向对象+深度学习"结合人工校正的方法进行土地利用类型和水土保持工程措施遥感解译。

"面向对象+深度学习"的遥感解译基本流程如图 2-12 所示，其将面向对象方法对对象波段特征描述的优势和深度学习方法对对象形状、纹理、场景等特征描述的优势，有机地结合在一起，能实现更准确的分类效果，再通过人工目视解译校正，进一步完善分类精度，以实现项目使用的目标。

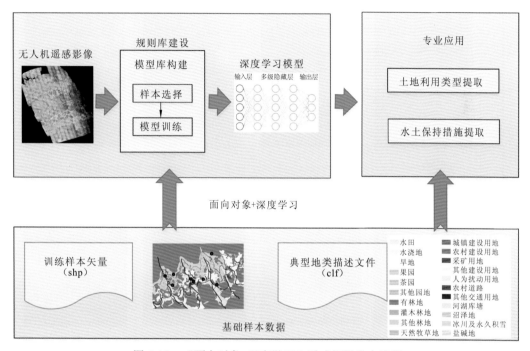

图 2-12　"面向对象+深度学习"遥感解译基本流程

1. 分类和解译标准

土地利用类型分类标准参照水利部水土保持监测中心于 2020 年 8 月下发的《2020 年度水土流失动态监测技术指南》附录 4　土地利用分类进行。水土保持工程措施分类标准参照水利部水土保持监测中心于 2020 年 8 月下发的《2020 年度水土流失动态监测技术指南》附录 5-1　水土保持工程措施分类进行。

2. 解译标志建立

土地利用和水土保持工程措施遥感解译结合土地利用分类体系、遥感影像分辨率、时相、色调、几何特征及现场实地调查，建立三峡库区典型小流域土地利用和水土保持工程措施解译标志，示例如表 2-4 所示。

表 2-4 三峡库区典型小流域土地利用和水土保持工程措施解译标志

编号	土地利用类型	影像特征描述	影像	照片	说明
1101	水田	色调：暗绿色、棕褐色 纹理：纹理光滑 形状：条块状明显 空间分布：多分布在平原、山间谷地，河流两侧			经度：111°2441.475″E 纬度：30°3751.807″N 照片编号：水田 照片拍摄方位：东北方
1303	旱地	色调：浅绿色 纹理：块状 形状：条状纹理明显，条带呈现白色，常成片出现 空间分布：分布在平原、山区及丘陵缓坡地带			经度：111°19′13.759″E 纬度：30°4028.640″N 照片编号：旱地 照片拍摄方位：东北方
2104	果园	色调：浅绿色 纹理：带状纹理明显 形状：条带绿白相间，常成片出现 空间分布：主要分布在山区、平原			经度：110°4646.298″E 纬度：31°164.097″N 照片编号：果园 照片拍摄方位：东南方
2205	茶园	色调：墨绿色 纹理：颗粒明显、条带纹理 形状：面状，边界清晰 空间分布：主要分布在山区			经度：110°42′10.338″E 纬度：31°21′36.987″N 照片编号：茶园 照片拍摄方位：南方

续表

编号	土地利用类型	影像特征描述	影像	照片	说明
3106	有林地	色调：绿色、深绿色 纹理：纹理粗糙，颗粒状明显 形状：成片分布，不规则斑块形状 空间分布：主要以山区阴坡及路边河劳为主			经度：111°26′29.249″E 纬度：30°38′51.975″N 照片编号：有林地 照片拍摄方位：南方
3207	灌木林地	色调：浅绿色、绿色 纹理：较粗糙，成片分布 形状：不规则斑块形状 空间分布：多在山区			经度：110°52′50.576″E 纬度：31°28′11.136″N 照片编号：灌木林地 照片拍摄方位：东南方
20101	梯田	色调：绿色 纹理：颗粒明显 形状：面状、轮廓清晰、边界明显 空间分布：分布在平原、山区及丘陵缓坡地带			经度：110°42′41.592″E 纬度：31°13′39.039″N 照片编号：梯田 照片拍摄方位：西方
20302	水平阶	色调：墨绿色 纹理：条状 形状：面状、几何特征明显 空间分布：多分布在平原、山间谷地、河流两侧			经度：110°40′50.682″E 纬度：31°19′10.719″N 照片编号：水平阶 照片拍摄方位：西方

注：线性水土保持工程直接解释。

3. "面向对象+深度学习"遥感影像分类

基于实景三维测图重建正射后制作的群英、安民、北山、王家桥、户溪 5 个典型小流域的 5～7 cm 分辨率 DOM 数据,按照分类和解译标准制作土地利用类型和水土保持工程措施训练样区,然后基于训练样本提取规则库,学习深层的非线性神经网络结构,以核心目标函数为指导,完成复杂函数逼近和分布式的特征表示,从有限的样本数据集中学习由低层到高层的本质特征,进而获取典型小流域的水土保持工程类型、分布、数量,最后进行适当的人工编辑获得遥感解译成果,具体流程如图 2-13 所示。

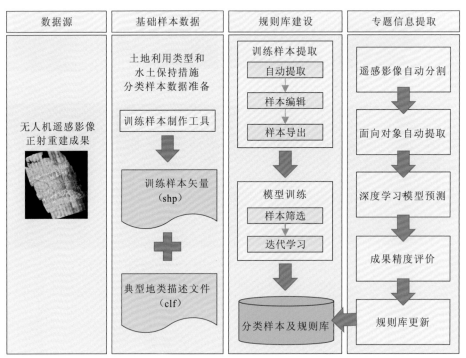

图 2-13 "面向对象+深度学习"遥感影像分类流程

4. 人工校正

为进一步完善解译成果,保证精度和质量,基于实景三维测图生成的 5～7 cm 分辨率的精细三维模型,采用人工解译校正,并参考水利部印发的《2020 年度水土流失动态监测技术指南》附录 6——土壤侵蚀地块属性表,制作面状、点状、线状对象属性表数据库。

5. 数据复核

1）提取信息校核

为保障提取信息的准确度，在土地利用图斑解译工作完成之后，对解译成果进行数据检查，检查内容包括数据格式、数据名称、空间参考系、属性字段、图斑属性、拓扑检查及采集精度 7 项内容，其中图斑属性与采集精度检查抽选解译图斑总数量的10%进行专项核查，抽样按照图斑编号（feature identity document，FID）等间距抽样，1～10 号中随机选定图斑，选取 FID 尾号相同的所有图斑为核查对象，总核查比例为10%。5 个典型小流域的土地利用更新解译工作分别由两个解译工作组开展，并采用交叉检验的方法进行抽查检验，抽查核心质量要求：图斑位置准确；分类无误；地物无多余及遗漏；图斑拓扑、最小图斑面积、几何特征无误。

2）野外验证

为保证解译成果的准确性，在解译信息校核的基础上，收集小流域治理前期设计相关资料，组织现场复核小组，实地验证图斑地类属性是否正确、图斑范围是否准确、措施类别是否准确等。针对各个小流域的土地利用类型和水土保持工程措施解译成果，前往现场抽取大于 10%的图斑进行复核。现场复核成果精度均在 90.00%以上，统计数据如表 2-5 所示，同时还对漏判和错判的图斑进行及时修正，为后期研究提供最可靠的基础数据。

表 2-5　土地利用类型和水土保持工程措施野外复核统计表

序号	小流域名称	土地利用图斑数量/个	野外复核图斑数量/个	野外复核比例/%	复核正确数量/个	野外复核准确度/%	水土保持工程措施数量/个	野外复核措施数量/个	野外复核比例/%	复核正确数量/个	野外复核准确度/%
1	群英小流域	1 186	120	10.12	109	90.83	297	30	10.10	27	90.00
2	安民小流域	1 450	148	10.21	135	91.22	378	38	10.05	35	92.11
3	北山小流域	1 016	105	10.33	96	91.43	141	15	10.64	14	93.33
4	王家桥小流域	2 208	225	10.19	204	90.67	888	89	10.02	81	91.01
5	户溪小流域	1 471	150	10.20	137	91.33	201	21	10.45	19	90.48
	合计	7 331	748	10.20	681	91.04	1905	193	10.13	176	91.19

2.2　典型小流域土地利用和水土保持工程空间分布

2.2.1　典型小流域高精度三维模型

经过无人机外业航拍和内业拼接建模两部分实景三维测图工作，得到了 5 个小流域高精度三维模型，小流域三维模型技术参数见表 2-6，三维模型见图 2-14～图 2-18。

表 2-6　小流域三维模型技术参数

序号	小流域名称	照片数量/张	面积/km²	重建成果分辨率/cm		
				DOM	DSM	三维模型
1	群英小流域	9 360	9.88	5.0	5.0	5.0
2	安民小流域	10 295	11.29	4.5	4.5	4.5
3	北山小流域	8 475	6.89	4.5	4.5	4.5
4	王家桥小流域	12 710	16.44	5.0	5.0	5.0
5	户溪小流域	10 910	12.98	4.5	4.5	4.5
	合计	51 750	57.48	—	—	—

图 2-14　群英小流域三维模型

图 2-15　安民小流域三维模型

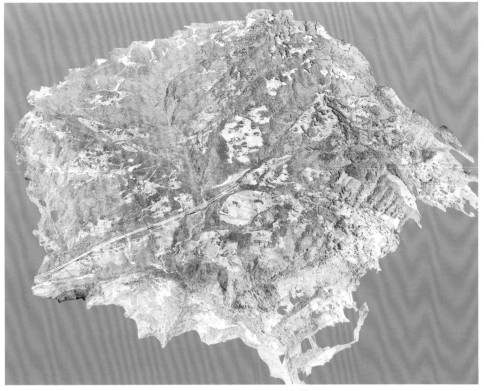

图 2-16　北山小流域三维模型

图 2-17 王家桥小流域三维模型

图 2-18 户溪小流域三维模型

2.2.2 典型小流域土地利用和水土保持工程遥感智能解译

在小流域高精度三维模型的基础上，通过遥感智能解译，即可提取各小流域土地利用和水土保持工程信息（表 2-7）。

表 2-7 土地利用类型和水土保持工程措施统计表

序号	小流域名称	土地利用图斑数量/个	水土保持工程措施数量/个		
			点状	线状	面状
1	群英小流域	1 187	45	101	151
2	安民小流域	1 450	45	141	192
3	北山小流域	1 016	17	26	98
4	王家桥小流域	2 208	566	27	295
5	户溪小流域	1 471	7	51	143
	合计	7 332	680	346	879

1. 群英小流域

如图 2-19、表 2-8 所示，群英小流域土地利用类型主要有 12 类，其中：水田图斑 110 个，面积为 0.66 km²；水浇地图斑 12 个，面积为 0.11 km²；旱地图斑 307 个，

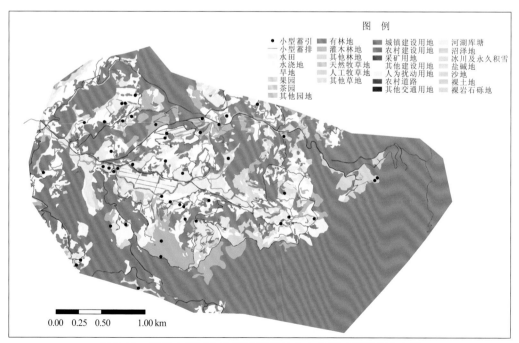

图 2-19 群英小流域土地利用类型与水土保持工程措施分布图

面积为 1.41 km²；有林地图斑 175 个，面积为 6.10 km²；灌木林地图斑 97 个，面积为 0.63 km²；其他林地图斑 2 个，面积为 0.01 km²；其他草地图斑 129 个，面积为 0.51 km²；农村建设用地图斑 235 个，面积为 0.16 km²；其他建设用地图斑 7 个，面积为 0.01 km²；农村道路图斑 11 个，面积为 0.05 km²；其他交通用地图斑 10 个，面积为 0.14 km²；河湖库塘图斑 92 个，面积为 0.09 km²。

表 2-8　群英小流域主要土地利用类型

土地利用类型代码	土地利用类型	图斑数量/个	面积/km²
11	水田	110	0.66
12	水浇地	12	0.11
13	旱地	307	1.41
31	有林地	175	6.10
32	灌木林地	97	0.63
33	其他林地	2	0.01
43	其他草地	129	0.51
52	农村建设用地	235	0.16
54	其他建设用地	7	0.01
61	农村道路	11	0.05
62	其他交通用地	10	0.14
71	河湖库塘	92	0.09

注：数据进行过舍入修约，余同。

2. 安民小流域

如图 2-20、表 2-9 所示，安民小流域土地利用类型主要有 12 类，其中：水田图斑 148 个，面积为 0.224 6 km²；旱地图斑 339 个，面积为 0.726 1 km²；果园图斑 4 个，面积为 0.051 7 km²；有林地图斑 175 个，面积为 9.375 7 km²；灌木林地图斑 5 个，面积为 0.010 4 km²；其他草地图斑 229 个，面积为 0.553 6 km²；农村建设用地图斑 308 个，面积为 0.120 1 km²；其他建设用地图斑 11 个，面积为 0.004 3 km²；农村道路图斑 82 个，面积为 0.034 4 km²；其他交通用地图斑 2 个，面积为 0.070 9 km²；河湖库塘图斑 124 个，面积为 0.099 9 km²；裸土地图斑 23 个，面积为 0.018 3 km²。

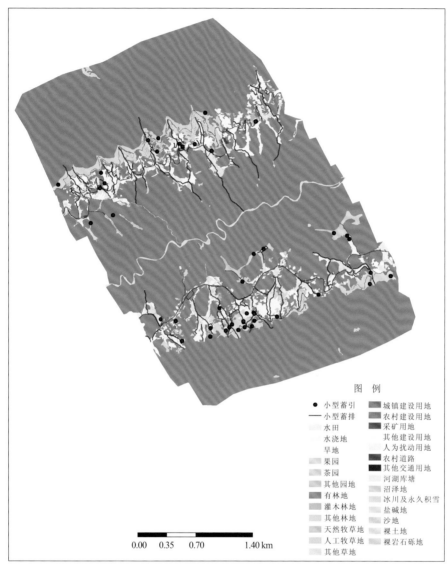

图 2-20　安民小流域土地利用类型与水土保持工程措施分布图

表 2-9　安民小流域主要土地利用类型

土地利用类型代码	土地利用类型	图斑数量/个	面积/km²
11	水田	148	0.224 6
13	旱地	339	0.726 1
21	果园	4	0.051 7
31	有林地	175	9.375 7
32	灌木林地	5	0.010 4
43	其他草地	229	0.553 6
52	农村建设用地	308	0.120 1
54	其他建设用地	11	0.004 3

土地利用类型代码	土地利用类型	图斑数量/个	面积/km²
61	农村道路	82	0.034 4
62	其他交通用地	2	0.070 9
71	河湖库塘	124	0.099 9
83	裸土地	23	0.018 3

3. 北山小流域

如图 2-21、表 2-10 所示，北山小流域土地利用类型主要有 12 类，其中：旱地图

图 2-21　北山小流域土地利用类型与水土保持工程措施分布图

斑 314 个，面积为 1.040 0 km²；果园图斑 52 个，面积为 0.120 0 km²；有林地图斑 158 个，面积为 5.160 0 km²；灌木林地图斑 2 个，面积为 0.010 0 km²；其他林地图斑 3 个，面积为 0.004 0 km²；其他草地图斑 65 个，面积为 0.100 0 km²；农村建设用地图斑 228 个，面积为 0.140 0 km²；其他建设用地图斑 3 个，面积为 0.000 6 km²；农村道路图斑 97 个，面积为 0.100 0 km²；其他交通用地图斑 15 个，面积为 0.110 0 km²；河湖库塘 图斑 60 个，面积为 0.040 0 km²；裸土地图斑 4 个，面积为 0.030 0 km²。

表 2-10　北山小流域主要土地利用类型

土地利用类型代码	土地利用类型	图斑数量/个	面积/km²
13	旱地	314	1.040 0
21	果园	52	0.120 0
31	有林地	158	5.160 0
32	灌木林地	2	0.010 0
33	其他林地	3	0.004 0
43	其他草地	65	0.100 0
52	农村建设用地	228	0.140 0
54	其他建设用地	3	0.000 6
61	农村道路	97	0.100 0
62	其他交通用地	15	0.110 0
71	河湖库塘	60	0.040 0
83	裸土地	4	0.030 0

4. 王家桥小流域

如图 2-22、表 2-11 所示，王家桥小流域土地利用类型主要有 16 类，其中：水田 图斑 1 个，面积为 0.000 6 km²；旱地图斑 383 个，面积为 0.791 5 km²；果园图斑 271 个，面积为 6.236 1 km²；其他园地图斑 1 个，面积为 0.000 5 km²；有林地图斑 335 个，面积为 8.212 9 km²；灌木林地图斑 45 个，面积为 0.060 9 km²；其他林地图斑 9 个，面积为 0.006 2 km²；其他草地图斑 198 个，面积为 0.174 2 km²；农村建设用地图斑 590 个，面积为 0.429 7 km²；其他建设用地图斑 84 个，面积为 0.034 8 km²；农村道路图 斑 99 个，面积为 0.073 0 km²；其他交通用地图斑 9 个，面积为 0.272 0 km²；河湖库塘图斑 153 个，面积为 0.130 8 km²；沼泽地图斑 1 个，面积为 0.000 1 km²；裸土地图斑 26 个，面积为 0.014 9 km²；裸岩石砾地图斑 3 个，面积为 0.001 8 km²。

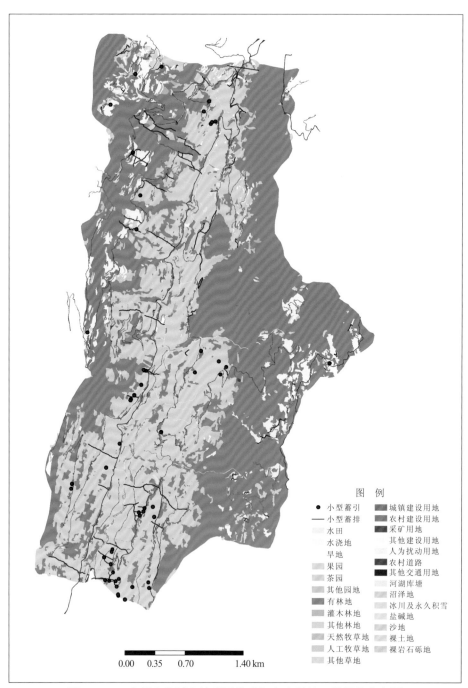

图 例

- 小型蓄引   城镇建设用地
— 小型蓄排   农村建设用地
  水田   采矿用地
  水浇地   其他建设用地
  旱地   人为扰动用地
  果园   农村道路
  茶园   其他交通用地
  其他园地   河湖库塘
  有林地   沼泽地
  灌木林地   冰川及永久积雪
  其他林地   盐碱地
  天然牧草地 沙地
  人工牧草地 裸土地
  其他草地   裸岩石砾地

0.00 0.35 0.70   1.40 km

图 2-22 王家桥小流域土地利用类型与水土保持工程措施分布图

表 2-11　王家桥小流域主要土地利用类型

土地利用类型代码	土地利用类型	图斑数量/个	面积/km²
11	水田	1	0.000 6
13	旱地	383	0.791 5
21	果园	271	6.236 1
23	其他园地	1	0.000 5
31	有林地	335	8.212 9
32	灌木林地	45	0.060 9
33	其他林地	9	0.006 2
43	其他草地	198	0.174 2
52	农村建设用地	590	0.429 7
54	其他建设用地	84	0.034 8
61	农村道路	99	0.073 0
62	其他交通用地	9	0.272 0
71	河湖库塘	153	0.130 8
72	沼泽地	1	0.000 1
83	裸土地	26	0.014 9
84	裸岩石砾地	3	0.001 8

5. 户溪小流域

如图 2-23、表 2-12 所示，户溪小流域土地利用类型主要有 14 类，其中：水田图斑 50 个，面积为 0.090 km²；旱地图斑 314 个，面积为 3.040 km²；果园图斑 5 个，面积为 0.010 km²；其他园地图斑 8 个，面积为 0.040 km²；有林地图斑 373 个，面积为 8.990 km²；灌木林地图斑 3 个，面积为 0.002 km²；其他林地图斑 11 个，面积为 0.005 km²；其他草地图斑 111 个，面积为 0.260 km²；农村建设用地图斑 412 个，面积为 0.230 km²；其他建设用地图斑 12 个，面积为 0.010 km²；农村道路图斑 76 个，面积为 0.050 km²；其他交通用地图斑 18 个，面积为 0.120 km²；河湖库塘图斑 41 个，面积为 0.060 km²；裸土地图斑 21 个，面积为 0.030 km²。

图 2-23　户溪小流域土地利用类型与水土保持工程措施分布图

表 2-12　户溪小流域主要土地利用类型

土地利用类型代码	土地利用类型	图斑数量/个	面积/km²
11	水田	50	0.090
13	旱地	314	3.040
21	果园	5	0.010
23	其他园地	8	0.040

续表

土地利用类型代码	土地利用类型	图斑数量/个	面积/km²
31	有林地	373	8.990
32	灌木林地	3	0.002
33	其他林地	11	0.005
43	其他草地	111	0.260
52	农村建设用地	412	0.230
54	其他建设用地	12	0.010
61	农村道路	76	0.050
62	其他交通用地	18	0.120
71	河湖库塘	41	0.060
83	裸土地	21	0.030

2.2.3　典型小流域土地利用和水土保持工程空间分布特征

根据实景三维测图的 DOM、DSM，对小流域土地利用类型按高程和坡度等级进行统计，分析水土保持工程措施的空间分布特征。

1. 群英小流域

群英小流域属中低山，土地利用类型以林地和耕地为主，800 m 以上高程主要是林地，耕地集中在 800 m 以下高程，群英小流域土地利用类型高程统计表见表 2-13。

表 2-13　群英小流域土地利用类型高程统计表　　　　　（单位：hm²）

土地利用类型		代码	高程等级			
			600～<800 m	800～<1 000m	1 000～<1 200 m	≥1 200 m
耕地	水田	11	51.21	14.66	0.00	0.00
	水浇地	12	11.38	0.00	0.00	0.00
	旱地	13	90.95	49.18	0.17	0.00
园地	果园	21	0.00	0.00	0.00	0.00
	茶园	22	0.00	0.00	0.00	0.00
	其他园地	23	0.00	0.00	0.00	0.00

续表

土地利用类型		代码	高程等级			
			600～<800 m	800～<1 000m	1 000～<1 200 m	≥1 200 m
林地	有林地	31	132.33	248.37	129.19	98.27
	灌木林地	32	31.71	30.77	0.11	0.00
	其他林地	33	0.04	0.91	0.44	0.00
草地	天然牧草地	41	0.00	0.00	0.00	0.00
	人工牧草地	42	0.00	0.00	0.00	0.00
	其他草地	43	19.41	23.08	8.00	0.00
建设用地	城镇建设用地	51	0.00	0.00	0.00	0.00
	农村建设用地	52	11.74	3.92	0.17	0.00
	人为扰动用地	53	0.08	0.00	0.00	0.00
	其他建设用地	54	0.13	1.02	0.00	0.00
交通运输用地	农村道路	61	0.09	2.06	1.83	0.53
	其他交通用地	62	8.61	5.12	0.40	0.00
水域及水利设施用地	河湖库塘	71	6.32	1.93	0.16	0.00
	沼泽地	72	0.00	0.00	0.00	0.00
	冰川及永久积雪	73	0.00	0.00	0.00	0.00
其他土地	盐碱地	81	0.00	0.00	0.00	0.00
	沙地	82	0.00	0.00	0.00	0.00
	裸土地	83	0.00	0.00	0.00	0.00
	裸岩石砾地	84	0.00	0.00	0.00	0.00

根据地形坡度统计，群英小流域总体坡度较陡，坡度≥25°土地面积占流域总面积的63.1%，坡度<15°土地面积仅占流域总面积的23.2%，群英小流域土地利用类型坡度统计表见表2-14。

表 2-14 群英小流域土地利用类型坡度统计表 （单位：hm²）

土地利用类型		代码	坡度等级				
			<2°	2°～<6°	6°～<15°	15°～<25°	≥25°
耕地	水田	11	37.08	16.69	12.10	0.00	0.00
	水浇地	12	0.66	2.72	4.16	1.87	1.97
	旱地	13	6.46	17.52	35.06	34.19	47.05
园地	果园	21	0.00	0.00	0.00	0.00	0.00
	茶园	22	0.00	0.00	0.00	0.00	0.00
	其他园地	23	0.00	0.00	0.00	0.00	0.00
林地	有林地	31	1.07	7.26	35.22	63.52	501.08
	灌木林地	32	0.57	3.12	10.41	13.21	35.28
	其他林地	33	0.01	0.04	0.21	0.27	0.86
草地	天然牧草地	41	0.00	0.00	0.00	0.00	0.00
	人工牧草地	42	0.00	0.00	0.00	0.00	0.00
	其他草地	43	1.16	4.82	12.02	12.24	20.26
建设用地	城镇建设用地	51	0.00	0.00	0.00	0.00	0.00
	农村建设用地	52	0.64	1.84	2.55	2.73	8.06
	人为扰动用地	53	0.01	0.02	0.02	0.01	0.02
	其他建设用地	54	0.06	0.17	0.29	0.17	0.46
交通运输用地	农村道路	61	0.06	0.28	0.73	0.68	2.76
	其他交通用地	62	0.56	2.73	5.31	2.02	3.52
水域及水利设施用地	河湖库塘	71	0.73	2.18	2.53	1.06	1.88
	沼泽地	72	0.00	0.00	0.00	0.00	0.00
	冰川及永久积雪	73	0.00	0.00	0.00	0.00	0.00
其他土地	盐碱地	81	0.00	0.00	0.00	0.00	0.00
	沙地	82	0.00	0.00	0.00	0.00	0.00
	裸土地	83	0.00	0.00	0.00	0.00	0.00
	裸岩石砾地	84	0.00	0.00	0.00	0.00	0.00

坡耕地面积占流域总面积的 14.0%，占耕地面积的 64.0%，其中坡度≥25°坡耕地占坡耕地总面积的 24.0%。

群英小流域水土保持工程措施主要分布于坡耕地和果园上，图斑数量、面积、图斑面积与流域总面积比值情况如表 2-15 所示。

表 2-15　群英小流域水土保持工程措施统计表

水土保持工程措施类型	图斑数量/个	面积/km²	图斑面积与流域总面积比值/%
梯田	110	0.74	7.49
水平阶	23	0.27	2.73
地埂	18	0.16	1.62
坡面小型截蓄排工程	13	—	—
路旁、沟底小型蓄引工程	45	—	—

2. 安民小流域

安民小流域属低山，土地利用类型主要为林地、耕地、草地和果园，800 m 以上高程主要是林地，耕地、草地和果园集中在 800 m 以下高程，安民小流域土地利用类型高程统计表见表 2-16。

表 2-16　安民小流域土地利用类型高程统计表　　　　（单位：hm²）

土地利用类型		代码	高程等级				
			200～<400 m	400～<600 m	600～<800 m	800～<1 000 m	≥1 000 m
耕地	水田	11	0.00	24.47	1.73	0.00	0.00
	水浇地	12	0.00	0.00	0.00	0.00	0.00
	旱地	13	0.00	63.41	21.07	0.00	0.00
园地	果园	21	0.00	5.69	0.37	0.00	0.00
	茶园	22	0.00	0.00	0.00	0.00	0.00
	其他园地	23	0.00	0.00	0.00	0.00	0.00
林地	有林地	31	32.22	370.74	454.44	235.34	1.85
	灌木林地	32	0.00	0.36	0.86	0.00	0.00
	其他林地	33	0.00	0.00	0.00	0.00	0.00
草地	天然牧草地	41	0.00	0.00	0.00	0.00	0.00
	人工牧草地	42	0.00	0.00	0.00	0.00	0.00
	其他草地	43	0.39	18.66	44.46	1.23	0.00

续表

土地利用类型		代码	高程等级				
			200～<400 m	400～<600 m	600～<800 m	800～<1 000 m	≥1 000 m
建设用地	城镇建设用地	51	0.00	0.00	0.00	0.00	0.00
	农村建设用地	52	0.10	12.71	1.20	0.05	0.00
	人为扰动用地	53	0.00	0.39	0.05	0.00	0.00
	其他建设用地	54	0.00	0.01	0.05	0.00	0.00
交通运输用地	农村道路	61	0.00	1.43	2.60	0.00	0.00
	其他交通用地	62	0.00	6.70	1.55	0.00	0.00
水域及水利设施用地	河湖库塘	71	7.25	3.78	0.55	0.00	0.00
	沼泽地	72	0.00	0.00	0.00	0.00	0.00
	冰川及永久积雪	73	0.00	0.00	0.00	0.00	0.00
其他土地	盐碱地	81	0.00	0.00	0.00	0.00	0.00
	沙地	82	0.00	0.00	0.01	0.00	0.00
	裸土地	83	0.00	0.88	1.25	0.00	0.00
	裸岩石砾地	84	0.00	0.00	0.00	0.00	0.00

根据地形坡度统计，安民小流域总体地形更加陡峭，坡度>25°土地面积占流域总面积的 83.7%，坡度≤15°土地面积仅占流域总面积的 16.0%，安民小流域土地利用类型坡度统计表见表 2-17。

表 2-17 安民小流域土地利用类型坡度统计表 （单位：hm²）

土地利用类型		代码	坡度等级				
			≤2°	>2°～6°	>6°～15°	>15°～25°	>25°
耕地	水田	11	11.51	8.07	6.62	0.00	0.00
	水浇地	12	0.00	0.00	0.00	0.00	0.00
	旱地	13	2.63	9.85	19.63	21.80	30.55
园地	果园	21	0.06	0.42	1.50	1.56	2.50
	茶园	22	0.00	0.00	0.00	0.00	0.00
	其他园地	23	0.00	0.00	0.00	0.00	0.00
林地	有林地	31	1.67	13.14	73.82	143.72	862.01
	灌木林地	32	0.00	0.02	0.14	0.33	0.74
	其他林地	33	0.00	0.00	0.00	0.00	0.00

续表

土地利用类型		代码	坡度等级				
			≤2°	>2°~6°	>6°~15°	>15°~25°	>25°
草地	天然牧草地	41	0.00	0.00	0.00	0.00	0.00
	人工牧草地	42	0.00	0.00	0.00	0.00	0.00
	其他草地	43	0.57	3.28	11.23	16.84	32.79
建设用地	城镇建设用地	51	0.00	0.00	0.00	0.00	0.00
	农村建设用地	52	0.27	0.97	2.07	3.34	7.42
	人为扰动用地	53	0.01	0.05	0.08	0.08	0.22
	其他建设用地	54	0.00	0.01	0.01	0.01	0.02
交通运输用地	农村道路	61	0.08	0.54	1.47	0.84	1.10
	其他交通用地	62	0.42	2.10	3.34	1.05	1.34
水域及水利设施用地	河湖库塘	71	0.35	1.67	2.86	1.62	5.06
	沼泽地	72	0.00	0.00	0.00	0.00	0.00
	冰川及永久积雪	73	0.00	0.00	0.00	0.00	0.00
其他土地	盐碱地	81	0.00	0.00	0.00	0.00	0.00
	沙地	82	0.00	0.00	0.00	0.00	0.00
	裸土地	83	0.01	0.04	0.27	0.61	1.20
	裸岩石砾地	84	0.00	0.00	0.00	0.00	0.00

坡耕地面积占流域总面积的 6.4%，占耕地面积的 76.0%，其中坡度>25°坡耕地占坡耕地总面积的 36.0%。

在该小流域有一部分果园地形相对较陡，坡度>15°果园面积占果园总面积的 67.2%。

安民小流域水土保持工程措施主要分布于坡耕地和果园上，图斑数量、面积及图斑面积与流域总面积比值情况如表 2-18 所示。

表 2-18　安民小流域水土保持工程措施统计表

水土保持工程措施类型	图斑数量/个	面积/km²	图斑面积与流域总面积比值/%
梯田	140	0.460	4.07
水平阶	2	0.020	0.18
地埂	18	0.004	0.03
坡面小型截蓄排工程	13	—	—
路旁、沟底小型蓄引工程	45	—	—

3. 北山小流域

北山小流域属中低山，土地利用类型主要为林地、耕地、果园、草地及河湖库塘，在各级高程中均有分布，林地集中分布在 600～1 200 m 高程，耕地和果园集中在 600～1 000 m 高程，北山小流域土地利用类型高程统计表见表 2-19。

表 2-19　北山小流域土地利用类型高程统计表　　　（单位：hm²）

土地利用类型		代码	高程等级				
			<600 m	600～<800 m	800～<1 000 m	1 000～<1 200 m	≥1 200 m
耕地	水田	11	0.00	0.00	0.00	0.00	0.00
	水浇地	12	0.00	0.00	0.00	0.00	0.00
	旱地	13	2.78	36.92	45.55	17.92	0.69
园地	果园	21	1.93	6.77	1.87	1.34	0.00
	茶园	22	0.00	0.00	0.00	0.00	0.00
	其他园地	23	0.00	0.00	0.00	0.00	0.00
林地	有林地	31	31.73	169.54	189.14	117.14	8.82
	灌木林地	32	0.37	0.62	0.00	0.32	0.00
	其他林地	33	0.00	0.45	0.00	0.00	0.00
草地	天然牧草地	41	0.00	0.00	0.00	0.00	0.00
	人工牧草地	42	0.00	0.00	0.00	0.00	0.00
	其他草地	43	1.08	5.81	2.55	0.63	0.00
建设用地	城镇建设用地	51	0.00	0.00	0.00	0.00	0.00
	农村建设用地	52	0.38	5.04	6.23	2.01	0.13
	人为扰动用地	53	0.01	1.11	0.19	0.00	0.00
	其他建设用地	54	0.00	0.00	0.05	0.00	0.00
交通运输用地	农村道路	61	0.67	3.03	4.52	1.66	0.00
	其他交通用地	62	0.64	5.09	3.85	1.46	0.00
水域及水利设施用地	河湖库塘	71	3.48	0.82	0.09	0.09	0.00
	沼泽地	72	0.00	0.00	0.00	0.00	0.00
	冰川及永久积雪	73	0.00	0.00	0.00	0.00	0.00
其他土地	盐碱地	81	0.00	0.00	0.00	0.00	0.00
	沙地	82	0.00	0.00	0.00	0.00	0.00
	裸土地	83	0.50	2.68	0.12	0.04	0.00
	裸岩石砾地	84	0.00	0.00	0.00	0.00	0.00

　　根据地形坡度统计,北山小流域总体地形陡峭,坡度>25°土地面积占流域总面积的 73.73%,坡度≤15°土地面积仅占流域总面积的 12.6%,北山小流域土地利用类型坡度统计表见表 2-20。

表 2-20　北山小流域土地利用类型坡度统计表　　（单位：hm²）

土地利用类型		代码	坡度等级				
			≤2°	>2°~6°	>6°~15°	>15°~25°	>25°
耕地	水田	11	0.00	0.00	0.00	0.00	0.00
	水浇地	12	0.00	0.00	0.00	0.00	0.00
	旱地	13	1.46	6.60	20.22	29.74	45.83
园地	果园	21	0.06	0.52	2.09	3.22	6.03
	茶园	22	0.00	0.00	0.00	0.00	0.00
	其他园地	23	0.00	0.00	0.00	0.00	0.00
林地	有林地	31	0.77	5.45	27.55	52.50	430.07
	灌木林地	32	0.00	0.04	0.16	0.20	0.91
	其他林地	33	0.01	0.03	0.06	0.08	0.27
草地	天然牧草地	41	0.00	0.00	0.00	0.00	0.00
	人工牧草地	42	0.00	0.00	0.00	0.00	0.00
	其他草地	43	0.11	0.51	1.54	2.27	5.64
建设用地	城镇建设用地	51	0.00	0.00	0.00	0.00	0.00
	农村建设用地	52	0.69	1.27	1.77	1.76	8.30
	人为扰动用地	53	0.05	0.22	0.31	0.19	0.53
	其他建设用地	54	0.00	0.00	0.01	0.01	0.04
交通运输用地	农村道路	61	0.24	1.25	3.14	1.31	3.95
	其他交通用地	62	1.08	2.85	3.63	0.75	2.73
水域及水利设施用地	河湖库塘	71	0.12	0.62	0.95	0.52	2.28
	沼泽地	72	0.00	0.00	0.00	0.00	0.00
	冰川及永久积雪	73	0.00	0.00	0.00	0.00	0.00
其他土地	盐碱地	81	0.00	0.00	0.00	0.00	0.00
	沙地	82	0.00	0.00	0.00	0.00	0.00
	裸土地	83	0.09	0.49	0.70	0.65	1.42
	裸岩石砾地	84	0.00	0.00	0.00	0.00	0.00

小流域内耕地均为坡耕地，占流域总面积的 15.0%，其中坡度>25° 坡耕地面积占坡耕地总面积的 44.0%。

在该小流域有一部分果园地形相对较陡，坡度>15° 果园面积占果园总面积的 77.6%。

北山小流域水土保持工程措施主要分布于坡耕地和果园上，图斑数量、面积及图斑面积与流域总面积比值情况如表 2-21 所示。

表 2-21　北山小流域水土保持工程措施统计表

水土保持工程措施类型	图斑数量/个	面积/km²	图斑面积与流域总面积比值/%
梯田	41	0.25	3.63
水平阶	7	0.09	1.31
坡面小型截蓄排工程	105	—	—
路旁、沟底小型蓄引工程	10	—	—

4. 王家桥小流域

王家桥小流域属低山，土地利用类型主要为林地、果园、耕地、草地。林地、草地集中分布在 600~800 m 高程，果园集中分布在 400~600 m 高程，耕地集中分布在 600~1 000 m 高程，王家桥小流域土地利用类型高程统计表见表 2-22。

表 2-22　王家桥小流域土地利用类型高程统计表　　　　　　（单位：hm²）

土地利用类型		代码	高程等级				
			<200 m	200~<400 m	400~<600 m	600~<800 m	800~1 000 m
耕地	水田	11	0.00	0.00	0.00	0.00	0.06
	水浇地	12	0.00	0.00	0.00	0.00	0.00
	旱地	13	0.00	0.22	2.87	49.59	27.35
园地	果园	21	0.54	163.78	312.24	133.36	10.72
	茶园	22	0.00	0.00	0.00	0.00	0.00
	其他园地	23	0.00	0.00	0.00	0.00	0.05
林地	有林地	31	0.16	19.87	135.60	465.95	193.13
	灌木林地	32	0.01	0.68	0.85	3.85	0.86
	其他林地	33	0.00	0.03	0.30	0.05	0.15
草地	天然牧草地	41	0.00	0.00	0.00	0.00	0.00
	人工牧草地	42	0.00	0.00	0.00	0.00	0.00
	其他草地	43	0.01	0.70	1.04	12.98	2.94

续表

土地利用类型		代码	高程等级				
			<200 m	200～<400 m	400～<600 m	600～<800 m	800～1 000 m
建设用地	城镇建设用地	51	0.00	0.00	0.00	0.07	0.00
	农村建设用地	52	0.38	8.77	18.77	12.60	3.62
	人为扰动用地	53	0.00	0.44	0.40	0.94	0.20
	其他建设用地	54	0.00	0.01	0.07	0.65	0.56
交通运输用地	农村道路	61	0.00	0.68	0.98	3.95	1.65
	其他交通用地	62	0.23	5.26	8.58	9.03	4.90
水域及水利设施用地	河湖库塘	71	0.24	4.23	6.12	1.57	0.99
	沼泽地	72	0.00	0.00	0.00	0.00	0.01
	冰川及永久积雪	73	0.00	0.00	0.00	0.00	0.00
其他土地	盐碱地	81	0.00	0.00	0.00	0.00	0.00
	沙地	82	0.00	0.00	0.00	0.00	0.00
	裸土地	83	0.00	0.00	0.39	0.66	0.48
	裸岩石砾地	84	0.00	0.00	0.13	0.06	0.00

　　根据地形坡度统计（表 2-23），王家桥小流域总体地形较陡峭，坡度>25°土地面积占流域总面积的 67.0%，坡度≤15°土地面积仅占流域总面积的 17.5%。

表 2-23　王家桥小流域土地利用类型坡度统计表　　（单位：hm²）

土地利用类型		代码	坡度等级				
			≤2°	>2°～6°	>6°～15°	>15°～25°	>25°
耕地	水田	11	0.05	0.01	0.00	0.00	0.00
	水浇地	12	0.00	0.00	0.00	0.00	0.00
	旱地	13	5.20	11.29	17.14	17.16	30.62
园地	果园	21	4.95	30.30	109.29	142.56	336.54
	茶园	22	0.00	0.00	0.00	0.00	0.00
	其他园地	23	0.00	0.02	0.01	0.00	0.01
林地	有林地	31	1.31	10.08	54.74	103.38	675.10
	灌木林地	32	0.02	0.15	0.73	1.17	4.20
	其他林地	33	0.00	0.02	0.09	0.13	0.29

续表

土地利用类型		代码	坡度等级				
			≤2°	>2°~6°	>6°~15°	>15°~25°	>25°
草地	天然牧草地	41	0.00	0.00	0.00	0.00	0.00
	人工牧草地	42	0.00	0.00	0.00	0.00	0.00
	其他草地	43	0.28	1.15	2.75	3.72	10.15
建设用地	城镇建设用地	51	0.00	0.00	0.01	0.01	0.05
	农村建设用地	52	0.77	2.94	6.31	7.01	27.09
	人为扰动用地	53	0.04	0.22	0.39	0.28	1.05
	其他建设用地	54	0.08	0.12	0.32	0.53	0.55
交通运输用地	农村道路	61	0.23	1.07	2.81	1.15	2.25
	其他交通用地	62	1.38	7.29	10.87	3.06	5.40
水域及水利设施用地	河湖库塘	71	0.21	0.97	2.26	2.38	7.43
	沼泽地	72	0.00	0.00	0.00	0.00	0.00
	冰川及永久积雪	73	0.00	0.00	0.00	0.00	0.00
其他土地	盐碱地	81	0.00	0.00	0.00	0.00	0.00
	沙地	82	0.00	0.00	0.00	0.00	0.00
	裸土地	83	0.01	0.07	0.16	0.31	0.98
	裸岩石砾地	84	0.00	0.00	0.00	0.01	0.18

小流域内耕地基本为坡耕地，占流域总面积的 4.9%，其中坡度>25° 坡耕地面积占坡耕地总面积的 37.6%。

果园在该小流域分布较为广泛，占流域总面积的 38.0%，仅次于林地。果园分布区域地形相对较陡，坡度>15° 果园面积占果园总面积的 76.8%。

王家桥小流域水土保持工程措施主要分布于坡耕地和果园上，图斑数量、面积及图斑面积与流域总面积比值情况如表 2-24 所示。

表 2-24　王家桥小流域水土保持工程措施统计表

水土保持工程措施类型	图斑数量/个	面积/km²	图斑面积与流域总面积比值/%
梯田	138	0.920	5.60
水平阶	98	3.760	22.87
地埂	2	0.001	0.00
坡面小型截蓄排工程	151	—	—
路旁、沟底小型蓄引工程	1	—	—

5. 户溪小流域

户溪小流域属中低山，土地利用类型主要为林地、耕地、草地。林地、草地在各高程等级均有分布，耕地集中分布在 1 000 m 高程以下，户溪小流域土地利用类型高程统计表见表 2-25。

表 2-25　户溪小流域土地利用类型高程统计表　　　　（单位：hm²）

土地利用类型		代码	高程等级			
			600～<800 m	800～<1 000 m	1 000～<1 200 m	≥1 200 m
耕地	水田	11	51.21	14.66	0.00	0.00
	水浇地	12	11.38	0.00	0.00	0.00
	旱地	13	90.95	49.18	0.17	0.00
园地	果园	21	0.00	0.00	0.00	0.00
	茶园	22	0.00	0.00	0.00	0.00
	其他园地	23	0.00	0.00	0.00	0.00
林地	有林地	31	132.33	248.37	129.19	98.27
	灌木林地	32	31.71	30.77	0.11	0.00
	其他林地	33	0.04	0.91	0.44	0.00
草地	天然牧草地	41	0.00	0.00	0.00	0.00
	人工牧草地	42	0.00	0.00	0.00	0.00
	其他草地	43	19.41	23.08	8.00	0.00
建设用地	城镇建设用地	51	0.00	0.00	0.00	0.00
	农村建设用地	52	11.74	3.92	0.17	0.00
	人为扰动用地	53	0.08	0.00	0.00	0.00
	其他建设用地	54	0.13	1.02	0.00	0.00
交通运输用地	农村道路	61	0.09	2.06	1.83	0.53
	其他交通用地	62	8.61	5.12	0.40	0.00
水域及水利设施用地	河湖库塘	71	6.32	1.93	0.16	0.00
	沼泽地	72	0.00	0.00	0.00	0.00
	冰川及永久积雪	73	0.00	0.00	0.00	0.00
其他土地	盐碱地	81	0.00	0.00	0.00	0.00
	沙地	82	0.00	0.00	0.00	0.00
	裸土地	83	0.00	0.00	0.00	0.00
	裸岩石砾地	84	0.00	0.00	0.00	0.00

根据地形坡度统计（表 2-26），户溪小流域总体地形较陡峭，坡度>25°土地面积占流域总面积的 66.0%，坡度≤15°土地面积仅占流域总面积的 21.0%。

表 2-26 户溪小流域土地利用类型坡度统计表 （单位：hm²）

土地利用类型		代码	坡度等级				
			≤2°	>2°~6°	>6°~15°	>15°~25°	>25°
耕地	水田	11	6.92	1.78	1.32	0.00	0.00
	水浇地	12	0.00	0.00	0.00	0.00	0.00
	旱地	13	20.67	51.06	87.93	54.36	90.20
园地	果园	21	0.02	0.20	0.14	0.08	0.27
	茶园	22	0.00	0.00	0.00	0.00	0.00
	其他园地	23	0.14	0.72	1.59	0.68	1.09
林地	有林地	31	2.22	13.69	57.23	94.07	724.10
	灌木林地	32	0.00	0.00	0.02	0.02	0.14
	其他林地	33	0.01	0.03	0.07	0.07	0.34
草地	天然牧草地	41	0.00	0.00	0.00	0.00	0.00
	人工牧草地	42	0.00	0.00	0.00	0.00	0.00
	其他草地	43	0.56	2.68	6.93	5.98	9.55
建设用地	城镇建设用地	51	0.00	0.00	0.00	0.00	0.00
	农村建设用地	52	0.93	2.44	3.61	3.49	12.92
	人为扰动用地	53	0.03	0.11	0.13	0.09	0.32
	其他建设用地	54	0.10	0.20	0.36	0.24	0.60
交通运输用地	农村道路	61	0.10	0.40	1.05	0.72	2.40
	其他交通用地	62	0.53	1.99	3.01	1.56	4.87
水域及水利设施用地	河湖库塘	71	0.28	0.48	0.73	0.58	4.36
	沼泽地	72	0.00	0.00	0.00	0.00	0.00
	冰川及永久积雪	73	0.00	0.00	0.00	0.00	0.00
其他土地	盐碱地	81	0.00	0.00	0.00	0.00	0.00
	沙地	82	0.00	0.00	0.00	0.00	0.00
	裸土地	83	0.18	0.75	0.82	0.40	0.90
	裸岩石砾地	84	0.00	0.00	0.00	0.00	0.00

小流域内耕地分布较为广泛，且基本为坡耕地，有少量水田，坡耕地面积占耕地总面积的97.0%，占流域总面积的23.6%，仅次于林地。坡度>25°坡耕地面积占坡耕地总面积的30.0%。

户溪小流域水土保持工程措施主要分布于坡耕地和果园上，图斑数量、面积及图斑面积与流域总面积比值情况如表2-27所示。

表2-27　户溪小流域水土保持工程措施统计表

水土保持工程措施类型	图斑数量/个	面积/km²	图斑面积与流域总面积比值/%
梯田	145	2.760 0	21.26
水平阶	5	0.090 0	0.69
地埂	1	0.000 1	0.00
坡面小型截蓄排工程	28	—	—
路旁、沟底小型蓄引工程	12	—	—

2.3　本章小结

（1）针对选择的重庆涪陵群英小流域、重庆万州安民小流域、重庆巫山北山小流域、湖北秭归王家桥小流域、湖北兴山户溪小流域5个三峡库区典型小流域，采用遥感无人机倾斜摄影测量航拍方式获取高精度影像，生成超高分辨率（5～7 cm）的DOM、DSM及三维模型。

（2）通过深度学习和面向对象相结合的遥感影像地物识别、智能遥感分类等方法，结合现场调查复核，对各个小流域的水土保持工程类型、分布、数量、质量、运行情况、影响范围等信息进行收集，建立典型小流域水土保持工程信息库，分析小流域水土保持工程空间布局特征。

（3）各小流域以低山或中低山为主，地形陡峭，土地利用均以林地为主，大多分布在较高高程范围；坡耕地在各小流域均有分布，坡度>25°的坡耕地比重较大，其中户溪小流域坡耕地最多；果园在王家桥小流域分布最多。水土保持工程措施主要用于坡耕地和果园上，从治理效果上看，王家桥小流域最好。

▶ 第 3 章

典型小流域治理前后水土流失与面源污染状况

3.1　治理前水土流失与面源污染状况

3.1.1　水土流失状况

1. 水土流失整体情况

5个典型小流域在治理前水土流失均比较严重，水土流失率均达50.00%以上，其中北山小流域土壤侵蚀最为严重，水土流失率为 85.63%，中度侵蚀及以上土壤侵蚀面积占比为39.33%。各小流域治理前土壤侵蚀面积统计结果如表 3-1 所示、对比图如图 3-1 所示。

表 3-1　各小流域土壤侵蚀面积（治理前）

小流域名称	小流域面积/hm²①	微度侵蚀		轻度侵蚀		中度侵蚀		强烈侵蚀		极强烈侵蚀		剧烈侵蚀		水土流失率/%
		面积/hm²	占小流域面积比例/%	面积/hm²	占小流域面积比例/%	面积/hm²	占小流域面积比例/%	面积/hm²	占小流域面积比例/%	面积/hm²	占小流域面积比例/%	面积/hm²	占小流域面积比例/%	
群英小流域	988	304	30.77	448	45.34	136	13.77	56	5.67	35	3.54	9	0.91	69.23
安民小流域	1 129	531	47.03	431	38.18	105	9.30	36	3.19	16	1.42	10	0.89	52.97
北山小流域	689	100	14.51	318	46.15	99	14.37	46	6.68	65	9.43	61	8.85	85.63
王家桥小流域	1 644②	512	31.14	398	24.21	302	18.37	176	10.71	161	9.79	96	5.84	68.86
户溪小流域	1 298	632	48.69	406	31.28	122	9.40	61	4.70	43	3.31	34	2.62	51.31
合计	5 748	2 079	36.17	2001	34.81	764	13.29	375	6.52	320	5.57	210	3.65	63.81

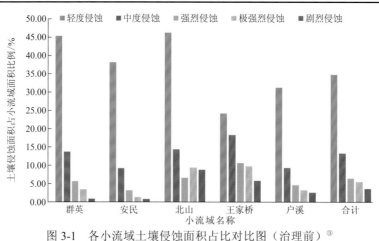

图 3-1　各小流域土壤侵蚀面积占比对比图（治理前）③

---

① 1 hm² = 10 000 m²。
② 总数不等于各相关数值之和，是因为有些数据进行过舍入修约。
③ 微度侵蚀面积不计入土壤侵蚀面积，全书同。

2. 群英小流域

从土壤侵蚀面积来看（图 3-2、表 3-2），群英小流域在治理前土壤侵蚀面积较大，达 684.000 0 hm²，水土流失率接近 70.00%；从土壤侵蚀强度来看，群英小流域土壤侵蚀强度以轻度侵蚀为主，土壤轻度侵蚀面积占小流域面积比例为 45.34%；按土地利用类型来分，有林地土壤侵蚀面积为 593.988 5 hm²，占不同土地利用类型土壤侵蚀总面积比例最大，为 86.84%，其次为旱地、灌木林地。

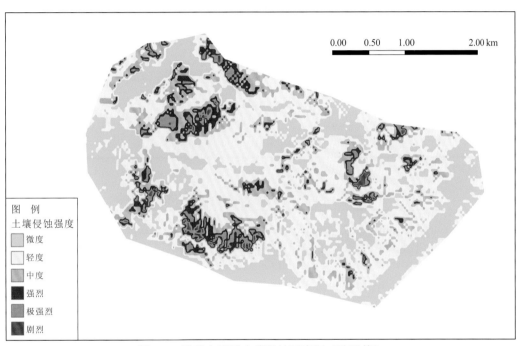

图 3-2　群英小流域土壤侵蚀强度图（治理前）

表 3-2　群英小流域不同土地利用类型土壤侵蚀面积（治理前）　（单位：hm²）

土地利用类型	合计	土壤侵蚀强度				
		轻度	中度	强烈	极强烈	剧烈
旱地	61.746 0	17.311 0	23.669 0	12.224 0	6.927 0	1.615 0
有林地	593.988 5	424.149 0	106.181 0	37.336 8	20.109 5	6.212 2
灌木林地	18.279 8	3.249 9	2.225 9	4.955 9	7.247 6	0.600 5
其他林地	0.090 3	0.021 6	0.035 6	0.033 1	0.000 0	0.000 0
其他草地	2.550 4	0.747 3	1.088 9	0.407 9	0.285 5	0.020 8
其他建设用地	0.022 9	0.006 7	0.009 5	0.006 7	0.000 0	0.000 0
农村道路	0.381 3	0.121 2	0.184 6	0.036 3	0.036 6	0.002 6
其他土地	6.940 8	2.393 3	2.605 5	0.999 3	0.393 8	0.548 9
合计	684.000 0	448.000 0	136.000 0	56.000 0	35.000 0	9.000 0

　　将耕地、林地、草地土壤侵蚀面积进一步按坡度等级统计分析（表3-3、表3-4、表3-5）：耕地土壤侵蚀强度以轻度侵蚀、中度侵蚀为主，坡度为>6°～15°和坡度为>15°～25°两个等级的土壤侵蚀面积最大，占耕地土壤侵蚀总面积的78.03%；林地土壤侵蚀强度以轻度侵蚀、中度侵蚀为主，坡度为>15°～25°的土壤侵蚀面积最大；草地土壤侵蚀面积较小，且土壤侵蚀强度以轻度侵蚀、中度侵蚀为主。

表3-3　群英小流域不同坡度等级耕地土壤侵蚀面积（治理前）　　（单位：hm^2）

土壤侵蚀强度	合计	坡度				
		≤2°	>2°～6°	>6°～15°	>15°～25°	>25°
轻度	17.194	1.565	2.750	2.899	8.652	1.328
中度	23.643	0.434	2.724	8.903	9.856	1.726
强烈	12.231	0.029	0.742	4.740	5.644	1.076
极强烈	7.014	0.000	0.590	2.605	3.278	0.541
剧烈	1.664	0.000	0.000	0.973	0.633	0.058
合计	61.746	2.028	6.806	20.120	28.063	4.729

注：采用下限排外法，下同。

表3-4　群英小流域不同坡度等级林地土壤侵蚀面积（治理前）　　（单位：hm^2）

土壤侵蚀强度	合计	坡度				
		≤5°	>5°～8°	>8°～15°	>15°～25°	>25°～35°	>35°
轻度	400.488 4	2.726 5	22.963 3	125.851 9	147.177 8	86.237 0	15.531 9
中度	121.392 9	1.658 7	1.877 0	9.889 2	32.209 2	40.667 9	35.090 9
强烈	50.848 8	0.431 1	0.458 8	8.261 9	10.743 4	21.292 3	9.661 3
极强烈	31.568 2	0.004 0	0.046 8	2.163 0	8.533 8	13.201 5	7.619 1
剧烈	8.060 6	0.000 0	0.000 0	1.265 1	1.719 2	2.475 2	2.601 1
合计	612.358 9	4.820 3	25.345 9	147.431 1	200.383 4	163.873 9	70.504 3

表3-5　群英小流域不同坡度等级草地土壤侵蚀面积（治理前）　　（单位：hm^2）

土壤侵蚀强度	合计	坡度				
		≤5°	>5°～8°	>8°～15°	>15°～25°	>25°～35°	>35°
轻度	0.742 8	0.011 0	0.105 5	0.248 2	0.238 7	0.133 4	0.006 0
中度	1.090 0	0.013 7	0.036 0	0.638 0	0.336 0	0.064 5	0.001 8
强烈	0.410 4	0.002 8	0.026 1	0.292 1	0.057 9	0.025 0	0.006 5
极强烈	0.284 9	0.000 0	0.016 5	0.132 0	0.092 2	0.037 7	0.006 5
剧烈	0.021 7	0.000 0	0.000 0	0.007 7	0.007 5	0.006 5	0.000 0
合计	2.549 8	0.027 5	0.184 1	1.318 0	0.732 3	0.267 1	0.020 8

　　将林地土壤侵蚀面积进一步按照植被覆盖度等级统计分析（表3-6），低覆盖和中低覆盖两个等级的林地土壤侵蚀面积最大，占林地土壤侵蚀总面积的73.31%，且土壤

侵蚀强度以轻度侵蚀为主。

表 3-6　群英小流域不同植被覆盖度下林地土壤侵蚀面积（治理前）　（单位：hm²）

土壤侵蚀强度	合计	植被覆盖度				
		低覆盖（<30%）	中低覆盖（30%～<45%）	中覆盖（45%～<60%）	中高覆盖（60%～<75%）	高覆盖（≥75%）
轻度	400.488 4	183.334 9	131.228 5	44.883 8	27.414 1	13.627 1
中度	121.392 8	58.179 1	18.433 1	19.503 8	13.599 3	11.677 5
强烈	50.848 8	19.888 0	12.126 1	7.791 5	6.071 1	4.972 1
极强烈	31.568 0	10.853 7	8.875 0	5.898 3	3.686 2	2.254 8
剧烈	8.060 6	4.411 4	1.610 2	1.040 5	0.744 4	0.254 1
合计	612.358 6	276.667 1	172.272 9	79.117 9	51.515 1	32.785 6

结合土壤侵蚀强度空间分布综合分析，群英小流域治理前土壤侵蚀主要分布在低覆盖及中低覆盖、坡度>15°～25°的林地和坡度>6°～25°的耕地上。

3. 安民小流域

从土壤侵蚀面积来看（图 3-3、表 3-7），安民小流域在治理前土壤侵蚀面积较大，为 598.276 2 hm²，水土流失率接近 53%；从土壤侵蚀强度来看，安民小流域土壤侵蚀强度以轻度侵蚀为主，轻度侵蚀面积占小流域面积比例为 38.18%上；按土地利用类型来分，有林地土壤侵蚀面积为 574.185 0 hm²，占不同土地利用类型土壤侵蚀总面积比例最大，为 95.97%，其次是旱地、其他草地。

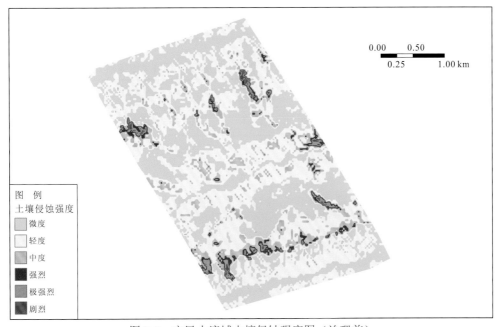

图 3-3　安民小流域土壤侵蚀强度图（治理前）

表 3-7　安民小流域不同土地利用类型土壤侵蚀面积（治理前）　（单位：hm^2）

土地利用类型	合计	土壤侵蚀强度				
		轻度	中度	强烈	极强烈	剧烈
旱地	20.135 0	6.519 0	6.606 0	4.058 0	1.649 0	1.303 0
果园	0.025 9	0.025 9	0.000 0	0.000 0	0.000 0	0.000 0
有林地	574.185 0	423.197 1	97.460 9	31.524 1	13.529 2	8.473 7
灌木林地	0.005 7	0.005 2	0.000 0	0.000 5	0.000 0	0.000 0
其他草地	2.985 3	0.926 3	0.826 4	0.505 2	0.407 6	0.319 8
其他建设用地	0.000 4	0.000 1	0.000 2	0.000 1	0.000 0	0.000 0
农村道路	0.284 3	0.064 4	0.084 8	0.039 5	0.052 6	0.043 0
裸土地	0.025 3	0.006 9	0.008 9	0.008 1	0.000 2	0.001 2
其他土地	0.629 3	0.255 1	0.012 8	0.000 0	0.361 4	0.000 0
合计	598.276 2	431.000 0	105.000 0	36.135 5	16.000 0	10.140 7

　　将耕地、林地、草地、园地土壤侵蚀面积进一步按坡度等级统计分析（表 3-8、表 3-9、表 3-10、表 3-11）：坡度>6°的耕地土壤侵蚀面积最大，占耕地土壤侵蚀总面积的 84.32%；林地土壤侵蚀强度以轻度侵蚀、中度侵蚀为主，>15°～25°坡度等级的土壤侵蚀面积最大；草地和园地土壤侵蚀面积均较小，且土壤侵蚀强度以轻度侵蚀、中度侵蚀为主。

表 3-8　安民小流域不同坡度等级耕地土壤侵蚀面积（治理前）　（单位：hm^2）

土壤侵蚀强度	合计	坡度				
		≤2°	>2°～6°	>6°～15°	>15°～25°	>25°
轻度	6.519 0	0.112 0	1.278 0	2.814 0	2.079 0	0.236 0
中度	6.606 0	0.068 0	1.017 0	3.146 0	1.525 0	0.850 0
强烈	4.058 0	0.000 0	0.350 0	1.124 0	2.311 0	0.273 0
极强烈	1.649 0	0.105 0	0.172 0	0.460 0	0.090 0	0.822 0
剧烈	1.303 0	0.009 0	0.046 0	0.344 0	0.342 0	0.562 0
合计	20.135 0	0.294 0	2.863 0	7.888 0	6.347 0	2.743 0

表 3-9　安民小流域不同坡度等级林地土壤侵蚀面积（治理前）　（单位：hm²）

土壤侵蚀强度	合计	坡度					
		≤5°	>5°～8°	>8°～15°	>15°～25°	>25°～35°	>35°
轻度	423.202 3	3.460 0	18.210 0	124.180 0	148.503 0	103.109 2	25.740 1
中度	97.460 9	0.840 0	1.150 0	13.690 0	51.340 9	23.280 0	7.160 0
强烈	31.524 6	0.600 0	1.890 0	6.860 0	8.710 0	11.234 6	2.230 0
极强烈	13.529 2	0.728 5	0.995 2	2.199 1	3.049 2	4.697 7	1.859 5
剧烈	8.473 7	0.364 5	0.932 7	1.498 4	1.128 9	2.396 7	2.152 5
合计	574.190 7	5.993 0	23.177 9	148.427 5	212.732 0	144.718 2	39.142 1

表 3-10　安民小流域不同坡度等级草地土壤侵蚀面积（治理前）　（单位：hm²）

土壤侵蚀强度	合计	坡度					
		≤5°	>5°～8°	>8°～15°	>15°～25°	>25°～35°	>35°
轻度	0.914 2	0.037 4	0.165 5	0.348 2	0.218 7	0.138 4	0.006 0
中度	0.830 1	0.013 7	0.036 0	0.578 1	0.136 0	0.064 5	0.001 8
强烈	0.510 4	0.002 8	0.026 1	0.292 1	0.057 9	0.115 0	0.016 5
极强烈	0.409 9	0.000 0	0.018 5	0.132 0	0.092 2	0.137 7	0.029 5
剧烈	0.320 7	0.000 0	0.000 0	0.097 7	0.112 5	0.110 5	0.000 0
合计	2.985 3	0.053 9	0.246 1	1.448 1	0.617 3	0.566 1	0.053 8

表 3-11　安民小流域不同坡度等级园地土壤侵蚀面积（治理前）　（单位：hm²）

土壤侵蚀强度	合计	坡度					
		≤5°	>5°～8°	>8°～15°	>15°～25°	>25°～35°	>35°
轻度	0.025 9	0.001 9	0.001 7	0.007 7	0.014 6	0.000 0	0.000 0
中度	0.000 0	0.000 0	0.000 0	0.000 0	0.000 0	0.000 0	0.000 0
强烈	0.000 0	0.000 0	0.000 0	0.000 0	0.000 0	0.000 0	0.000 0
极强烈	0.000 0	0.000 0	0.000 0	0.000 0	0.000 0	0.000 0	0.000 0
剧烈	0.000 0	0.000 0	0.000 0	0.000 0	0.000 0	0.000 0	0.000 0
合计	0.025 9	0.001 9	0.001 7	0.007 7	0.014 6	0.000 0	0.000 0

　　将林地土壤侵蚀面积进一步按照植被覆盖度等级统计分析（表 3-12），低覆盖和中低覆盖两个等级的林地土壤侵蚀面积最大，占林地土壤侵蚀总面积的 92.32%，其土壤侵蚀强度以轻度侵蚀为主。

表 3-12　安民小流域不同植被覆盖度下林地土壤侵蚀面积（治理前）　（单位：hm²）

土壤侵蚀强度	合计	植被覆盖度				
		低覆盖 （<30%）	中低覆盖 （30%～<45%）	中覆盖 （45%～<60%）	中高覆盖 （60%～<75%）	高覆盖 （≥75%）
轻度	423.202 3	301.890 0	95.002 6	13.850 7	6.919 0	5.540 0
中度	97.460 9	62.600 9	19.940 0	7.650 0	3.650 0	3.620 0
强烈	31.524 6	21.267 6	8.212 0	1.190 0	0.430 0	0.425 0
极强烈	13.529 2	11.775 3	1.413 9	0.287 2	0.049 3	0.003 5
剧烈	8.473 7	7.323 7	0.676 4	0.379 1	0.093 5	0.001 0
合计	574.190 7	404.857 5	125.244 9	23.357 0	11.141 8	9.589 5

结合土壤侵蚀强度空间分布综合分析，安民小流域治理前土壤侵蚀主要分布在低覆盖、坡度>15°～25°的林地和坡度>6°～25°的耕地上。

4. 北山小流域

从土壤侵蚀面积来看（图 3-4、表 3-13），北山小流域在治理前土壤侵蚀面积较大，为 589.185 3 hm²，水土流失率为 85.63%；从土壤侵蚀强度来看，北山小流域土壤侵蚀强度以轻度侵蚀为主，轻度侵蚀面积占小流域面积比例为 46.15%；按土地利用类型来分，有林地土壤侵蚀面积为 522.816 6 hm²，占不同土地利用类型土壤侵蚀总面积比例最大，其次是旱地。

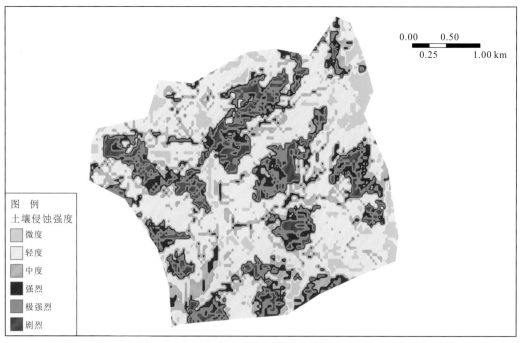

图 3-4　北山小流域土壤侵蚀强度图（治理前）

表 3-13　北山小流域不同土地利用类型土壤侵蚀面积（治理前）　（单位：hm²）

土地利用类型	合计	土壤侵蚀强度				
		轻度	中度	强烈	极强烈	剧烈
旱地	63.825 0	8.761 0	11.070 0	16.598 0	14.436 0	12.960 0
果园	0.495 6	0.120 4	0.145 8	0.089 1	0.077 6	0.062 7
有林地	522.816 6	308.511 6	87.230 8	29.005 8	50.326 0	47.742 4
灌木林地	0.070 9	0.026 3	0.032 4	0.012 2	0.000 0	0.000 0
其他林地	0.000 5	0.000 5	0.000 0	0.000 0	0.000 0	0.000 0
其他草地	0.001 0	0.000 5	0.000 5	0.000 0	0.000 0	0.000 0
其他建设用地	0.000 7	0.000 1	0.000 3	0.000 3	0.000 0	0.000 0
农村道路	1.256 9	0.156 5	0.225 8	0.310 0	0.297 0	0.267 6
裸土地	0.000 6	0.000 0	0.000 0	0.000 3	0.000 0	0.000 3
其他土地	0.717 5	0.423 1	0.294 4	0.000 0	0.000 0	0.000 0
合计	589.185 3	318.000 0	99.000 0	46.015 7	65.136 6	61.033 0

将耕地、林地、园地、草地土壤侵蚀面积进一步按坡度等级统计分析（表 3-14、表 3-15、表 3-16、表 3-17）：坡度>15°的耕地土壤侵蚀面积最大，占耕地土壤侵蚀总面积的 83.33%；林地土壤侵蚀强度以轻度侵蚀为主，>15°～35°坡度等级的土壤侵蚀面积最大，占林地土壤侵蚀总面积的 68.11%；草地和园地土壤侵蚀面积均相对较小，且土壤侵蚀强度以轻度侵蚀、中度侵蚀为主。

表 3-14　北山小流域不同坡度等级耕地土壤侵蚀面积（治理前）　（单位：hm²）

土壤侵蚀强度	合计	坡度				
		≤2°	>2°～6°	>6°～15°	>15°～25°	>25°
轻度	8.339 7	0.046 8	0.310 7	1.963 0	4.546 1	1.473 1
中度	10.644 4	0.084 5	0.130 0	1.509 3	4.873 7	4.046 9
强烈	16.858 4	0.087 1	0.217 1	2.133 3	8.288 8	6.132 1
极强烈	14.194 7	0.009 1	0.118 3	2.052 7	7.109 7	4.904 9
剧烈	13.787 8	0.009 1	0.052 0	1.917 5	6.757 4	5.051 8
合计	63.825 0	0.236 6	0.828 1	9.575 8	31.575 7	21.608 8

表 3-15　北山小流域不同坡度等级林地土壤侵蚀面积（治理前）　（单位：hm²）

土壤侵蚀强度	合计	坡度					
		≤5°	>5°~8°	>8°~15°	>15°~25°	>25°~35°	>35°
轻度	308.538 4	3.460 0	18.210 0	24.186 1	128.503 0	108.439 2	25.740 1
中度	87.263 2	0.840 0	1.150 0	13.690 0	31.143 2	23.280 0	17.160 0
强烈	29.018 0	0.600 0	1.890 0	6.860 0	8.210 0	9.228 0	2.230 0
极强烈	50.326 0	0.728 5	0.995 2	2.199 1	7.049 2	17.494 5	21.859 5
剧烈	47.742 4	0.364 5	0.932 7	1.498 4	5.428 9	17.356 4	22.161 5
合计	522.888 0	5.993 0	23.177 9	48.433 6	180.334 3	175.798 1	89.151 1

表 3-16　北山小流域不同坡度等级园地土壤侵蚀面积（治理前）　（单位：hm²）

土壤侵蚀强度	合计	坡度					
		≤5°	>5°~8°	>8°~15°	>15°~25°	>25°~35°	>35°
轻度	0.120 4	0.001 4	0.005 5	0.016 5	0.025 8	0.007 8	0.063 4
中度	0.145 8	0.000 0	0.017 6	0.033 9	0.067 0	0.012 7	0.014 6
强烈	0.089 1	0.000 0	0.000 0	0.018 6	0.018 5	0.023 9	0.028 1
极强烈	0.077 6	0.000 0	0.008 7	0.010 5	0.018 6	0.023 2	0.016 6
剧烈	0.062 7	0.000 0	0.008 9	0.014 5	0.012 3	0.013 2	0.013 8
合计	0.495 6	0.001 4	0.040 7	0.094 0	0.142 2	0.080 8	0.136 5

表 3-17　北山小流域不同坡度等级草地土壤侵蚀面积（治理前）　（单位：hm²）

土壤侵蚀强度	合计	坡度					
		≤5°	>5°~8°	>8°~15°	>15°~25°	>25°~35°	>35°
轻度	0.000 5	0.000 1	0.000 2	0.000 1	0.000 1	0.000 0	0.000 0
中度	0.000 5	0.000 0	0.000 1	0.000 2	0.000 2	0.000 0	0.000 0
强烈	0.000 0	0.000 0	0.000 0	0.000 0	0.000 0	0.000 0	0.000 0
极强烈	0.000 0	0.000 0	0.000 0	0.000 0	0.000 0	0.000 0	0.000 0
剧烈	0.000 0	0.000 0	0.000 0	0.000 0	0.000 0	0.000 0	0.000 0
合计	0.001 0	0.000 1	0.000 3	0.000 3	0.000 3	0.000 0	0.000 0

　　将林地土壤侵蚀面积进一步按照植被覆盖度等级统计分析（表 3-18），低覆盖和中低覆盖两个等级的林地土壤侵蚀面积最大，占林地土壤侵蚀总面积的 92.32%，且土壤侵蚀强度以轻度侵蚀为主。

表 3-18 北山小流域不同植被覆盖度下林地土壤侵蚀面积（治理前） （单位：hm²）

土壤侵蚀强度	合计	植被覆盖度				
		低覆盖 （<30%）	中低覆盖 （30%～<45%）	中覆盖 （45%～<60%）	中高覆盖 （60%～<75%）	高覆盖 （≥75%）
轻度	308.538 4	220.920 2	66.585 4	13.795 1	3.624 9	3.612 8
中度	87.263 2	53.374 1	22.330 6	10.159 4	1.149 9	0.249 2
强烈	29.018 0	23.097 4	2.692 9	1.705 9	1.304 4	0.217 4
极强烈	50.326 0	39.354 4	8.527 5	1.518 4	0.495 7	0.430 0
剧烈	47.742 4	36.732 9	9.092 1	0.929 1	0.736 2	0.251 3
合计	522.888 0	373.479 0	109.229 3	28.107 9	7.311 1	4.760 7

结合土壤侵蚀强度空间分布综合分析，北山小流域治理前土壤侵蚀主要分布在低覆盖及中低覆盖、坡度>15°～35°的林地和坡度>15°～25°的耕地上。

5. 王家桥小流域

从土壤侵蚀面积来看（图 3-5、表 3-19），王家桥小流域在治理前土壤侵蚀面积较大，为 1 133.000 0 hm²，水土流失率为 68.86%；从土壤侵蚀强度来看，王家桥小流域土壤侵蚀强度以轻度侵蚀、中度侵蚀为主，轻度侵蚀及中度侵蚀面积占不同土地利用类型土壤侵蚀总面积的比例为 61.78%；按土地利用类型来分，有林地土壤侵蚀面积为 908.841 0 hm²，占不同土地利用类型土壤侵蚀总面积比例最大，为 80.22%，其次是果园和旱地。

图 3-5 王家桥小流域土壤侵蚀强度图（治理前）

表 3-19　王家桥小流域不同土地利用类型土壤侵蚀面积（治理前）　（单位：hm²）

土地利用类型	合计	土壤侵蚀强度				
		轻度	中度	强烈	极强烈	剧烈
旱地	30.346 0	6.526 0	10.369 0	7.305 0	4.868 0	1.278 0
果园	190.597 0	37.334 3	57.224 0	41.877 1	35.536 4	18.625 2
其他园地	0.000 2	0.000 2	0.000 0	0.000 0	0.000 0	0.000 0
有林地	908.841 0	353.539 8	233.612 3	126.529 5	119.452 4	75.70 7
灌木林地	0.146 5	0.022 6	0.041 4	0.029 8	0.029 3	0.023 4
其他林地	0.007 2	0.001 6	0.002 0	0.001 2	0.001 2	0.001 2
其他草地	0.240 2	0.062 8	0.059 8	0.056 3	0.038 6	0.022 7
其他建设用地	0.014 9	0.000 7	0.002 7	0.006 8	0.002 4	0.002 3
农村道路	0.479 7	0.115 5	0.149 4	0.109 4	0.088 2	0.017 2
裸土地	0.004 7	0.001 6	0.001 4	0.000 8	0.000 9	0.000 0
裸岩石砾地	0.003 6	0.000 6	0.001 2	0.001 2	0.000 6	0.000 0
其他土地	2.319 0	0.394 3	0.536 8	0.082 9	0.982 0	0.323 0
合计	1 133.000 0	398.000 0	302.000 0	176.000 0	161.000 0	96.000 0

将耕地、林地、园地、草地土壤侵蚀面积进一步按坡度等级统计分析（表 3-20、表 3-21、表 3-22、表 3-23）：>15°的耕地土壤侵蚀面积最大，占耕地土壤侵蚀总面积的 72.65%；林地土壤侵蚀强度以轻度侵蚀、中度侵蚀为主，>25°～35°坡度等级的土壤侵蚀面积最大，占林地土壤侵蚀总面积的 46.12%；园地土壤侵蚀较严重，以中度侵蚀和强烈侵蚀为主，>8°～35°坡度等级的土壤侵蚀面积最大，占园地土壤侵蚀总面积的 84.39%；草地土壤侵蚀面积相对较小，且土壤侵蚀强度以轻度侵蚀、中度侵蚀为主。

表 3-20　王家桥小流域不同坡度等级耕地土壤侵蚀面积（治理前）　（单位：hm²）

土壤侵蚀强度	合计	坡度				
		≤2°	>2°～6°	>6°～15°	>15°～25°	>25°
轻度	6.531 0	0.036 0	0.239 0	1.510 0	2.227 0	2.519 0
中度	10.348 0	0.025 0	0.100 0	2.461 0	4.649 0	3.113 0
强烈	7.318 0	0.067 0	0.717 0	1.141 0	3.076 0	2.317 0
极强烈	4.869 0	0.007 0	0.151 0	1.549 0	1.769 0	1.393 0
剧烈	1.280 0	0.007 0	0.094 0	0.195 0	0.598 0	0.386 0
合计	30.346 0	0.142 0	1.301 0	6.856 0	12.319 0	9.728 0

表 3-21　王家桥小流域不同坡度等级林地土壤侵蚀面积（治理前）　（单位：hm²）

土壤侵蚀强度	合计	坡度					
		≤5°	>5°~8°	>8°~15°	>15°~25°	>25°~35°	>35°
轻度	353.564 0	3.460 0	18.210 0	74.186 1	123.533 0	108.434 8	25.740 1
中度	233.655 7	0.840 0	1.150 0	13.690 0	81.143 2	119.672 5	17.160 0
强烈	126.560 5	0.600 0	1.890 0	6.860 0	28.752 5	86.228 0	2.230 0
极强烈	119.482 9	0.728 5	0.995 2	2.199 1	27.206 1	67.494 5	20.859 5
剧烈	75.731 6	0.364 5	0.932 7	1.498 4	33.418 9	37.355 6	2.161 5
合计	908.994 7	5.993 0	23.177 9	98.433 6	294.053 7	419.185 4	68.151 1

表 3-22　王家桥小流域不同坡度等级园地土壤侵蚀面积（治理前）　（单位：hm²）

土壤侵蚀强度	合计	坡度					
		≤5°	>5°~8°	>8°~15°	>15°~25°	>25°~35°	>35°
轻度	37.263 0	1.209 3	3.412 9	6.442 9	13.110 7	11.145 8	1.941 4
中度	57.251 2	0.547 9	2.717 6	16.018 3	16.350 2	16.921 0	4.696 2
强烈	41.894 5	0.470 2	1.404 5	9.206 0	12.857 0	13.912 8	4.044 0
极强烈	35.546 1	0.646 2	0.711 6	7.885 1	9.978 7	11.527 0	4.797 5
剧烈	18.642 4	0.582 2	0.728 7	1.932 1	6.227 9	7.328 0	1.843 5
合计	190.597 2	3.455 8	8.975 3	41.484 4	58.524 5	60.834 6	17.322 6

表 3-23　王家桥小流域不同坡度等级草地土壤侵蚀面积（治理前）　（单位：hm²）

土壤侵蚀强度	合计	坡度					
		≤5°	>5°~8°	>8°~15°	>15°~25°	>25°~35°	>35°
轻度	0.062 8	0.000 3	0.011 3	0.018 1	0.021 6	0.010 5	0.001 0
中度	0.059 0	0.000 7	0.001 5	0.003 1	0.040 8	0.012 9	0.000 8
强烈	0.056 3	0.000 0	0.000 4	0.012 8	0.031 4	0.011 7	0.000 0
极强烈	0.038 6	0.000 1	0.005 2	0.012 9	0.014 0	0.006 2	0.000 2
剧烈	0.022 7	0.000 1	0.000 6	0.002 8	0.012 3	0.006 9	0.000 0
合计	0.240 2	0.001 2	0.019 0	0.049 7	0.120 1	0.048 2	0.002 0

　　将林地土壤侵蚀面积进一步按照植被覆盖度等级统计分析（表 3-24），低覆盖和中低覆盖两个等级的林地土壤侵蚀面积最大，占林地土壤侵蚀总面积的 82.30%，且土壤侵蚀强度以轻度侵蚀为主。

表 3-24　王家桥小流域不同植被覆盖度林地土壤侵蚀面积（治理前）　（单位：hm²）

土壤侵蚀强度	合计	植被覆盖度				
		低覆盖 （<30%）	中低覆盖 （30%～<45%）	中覆盖 （45%～<60%）	中高覆盖 （60%～<75%）	高覆盖 （≥75%）
轻度	353.564 0	138.902 0	127.747 6	73.063 2	9.957 4	3.893 8
中度	233.655 7	127.587 1	67.065 5	20.789 7	12.556 0	5.657 4
强烈	126.560 5	80.554 3	23.635 6	17.425 2	3.561 5	1.383 9
极强烈	119.482 9	79.618 9	29.592 2	9.274 0	0.534 3	0.463 5
剧烈	75.731 6	58.112 3	15.251 9	1.303 1	0.793 5	0.270 8
合计	908.994 7	484.774 6	263.292 8	121.855 2	27.402 7	11.669 4

结合土壤侵蚀强度空间分布综合分析，王家桥小流域治理前土壤侵蚀主要分布在低覆盖及中低覆盖、坡度>25°～35°的林地和坡度>8°～35°的园地，坡度>15°～25°的耕地上。

6. 户溪小流域

从土壤侵蚀面积来看（图 3-6、表 3-25），户溪小流域在治理前土壤侵蚀面积较大，为 665.954 3 hm²，水土流失率为 51.31%；从土壤侵蚀强度来看，户溪小流域土壤侵蚀强度以轻度侵蚀为主，轻度侵蚀面积占小流域面积比例为 31.28%；按土地利用类型来分，有林地土壤侵蚀面积为 616.393 8 hm²，占不同土地利用类型土壤侵蚀面积比例最大，为 92.56%，其次是旱地。

图 3-6　户溪小流域土壤侵蚀强度图（治理前）

表 3-25　户溪小流域不同土地利用类型土壤侵蚀面积（治理前）　（单位：hm²）

土地利用类型	合计	土壤侵蚀强度				
		轻度	中度	强烈	极强烈	剧烈
旱地	47.738 2	9.875 2	15.356 6	11.339 7	7.181 8	3.984 9
果园	0.008 6	0.007 1	0.000 0	0.001 1	0.000 4	0.000 0
其他园地	0.186 8	0.063 5	0.057 7	0.037 3	0.018 9	0.009 4
有林地	616.393 8	395.027 3	106.414 5	49.200 1	35.851 6	29.900 3
灌木林地	0.002 9	0.000 0	0.001 3	0.001 3	0.000 0	0.000 3
其他林地	0.000 4	0.000 2	0.000 2	0.000 0	0.000 0	0.000 0
其他草地	0.961 4	0.557 7	0.085 4	0.101 4	0.148 4	0.068 5
其他建设用地	0.026 1	0.009 5	0.006 8	0.002 4	0.004 8	0.002 6
农村道路	0.239 9	0.079 5	0.067 3	0.054 3	0.027 9	0.010 7
裸土地	0.014 0	0.013 6	0.000 0	0.000 2	0.000 2	0.000 0
裸岩石砾地	0.011 2	0.005 3	0.000 1	0.001 9	0.001 9	0.002 0
其他土地	0.371 0	0.360 9	0.010 1	0.000 0	0.000 0	0.000 0
合计	665.954 3	406.000 0	122.000 0	60.739 7	43.235 9	33.978 7

　　将耕地、林地、园地、草地土壤侵蚀面积进一步按坡度等级统计分析（表 3-26、表 3-27、表 3-28、表 3-29）：坡度>6～15° 和坡度>15～25° 两个等级的耕地土壤侵蚀面积最大，占耕地土壤侵蚀总面积的 80.40%；林地土壤侵蚀强度以轻度侵蚀为主，>15°～35° 坡度等级的土壤侵蚀面积最大，占林地土壤侵蚀总面积的 65.66%；园地和草地土壤侵蚀面积均相对较小，且土壤侵蚀强度以轻度侵蚀、中度侵蚀为主。

表 3-26　户溪小流域不同坡度等级耕地土壤侵蚀面积（治理前）　（单位：hm²）

土壤侵蚀强度	合计	坡度				
		≤2°	>2°～6°	>6°～15°	>15°～25°	>25°
轻度	9.870 3	0.222 6	0.749 2	3.277 1	4.773 6	0.847 8
中度	15.357 1	0.005 8	1.428 1	5.524 7	7.514 6	0.883 9
强烈	11.339 7	0.002 5	1.132 0	3.777 0	5.632 5	0.795 7
极强烈	7.183 1	0.000 0	0.612 0	1.880 6	3.851 5	0.839 0
剧烈	3.988 2	0.008 6	0.859 8	0.567 3	1.583 4	0.969 1
合计	47.738 4	0.239 5	4.781 1	15.026 7	23.355 6	4.335 5

表 3-27　户溪小流域不同坡度等级林地土壤侵蚀面积（治理前）　（单位：hm²）

土壤侵蚀强度	合计	坡度					
		≤5°	>5°~8°	>8°~15°	>15°~25°	>25°~35°	>35°
轻度	395.027 8	11.994 0	20.913 0	48.094 0	154.835 0	132.656 0	26.535 8
中度	106.416 0	1.599 8	3.517 7	12.881 5	28.637 8	24.746 0	35.033 2
强烈	49.201 4	0.603 8	1.421 6	2.312 4	9.780 4	18.231 6	16.851 6
极强烈	35.851 6	0.474 0	1.733 7	2.433 4	7.650 5	12.047 4	11.512 6
剧烈	29.900 6	0.323 1	0.522 9	0.714 0	6.617 2	9.510 5	12.212 9
合计	616.397 4	14.994 7	28.108 9	66.435 3	207.520 9	197.191 5	102.146 1

表 3-28　户溪小流域不同坡度等级园地土壤侵蚀面积（治理前）　（单位：hm²）

土壤侵蚀强度	合计	坡度					
		≤5°	>5°~8°	>8°~15°	>15°~25°	>25°~35°	>35°
轻度	0.070 6	0.009 2	0.004 3	0.025 8	0.031 3	0.000 0	0.000 0
中度	0.057 7	0.001 0	0.000 0	0.028 5	0.020 1	0.008 1	0.000 0
强烈	0.038 4	0.000 0	0.000 0	0.007 1	0.021 2	0.010 1	0.000 0
极强烈	0.019 3	0.000 0	0.000 0	0.001 0	0.008 2	0.010 1	0.000 0
剧烈	0.009 4	0.001 0	0.001 0	0.003 1	0.004 3	0.000 0	0.000 0
合计	0.195 4	0.011 2	0.005 3	0.065 5	0.085 1	0.028 3	0.000 0

表 3-29　户溪小流域不同坡度等级草地土壤侵蚀面积（治理前）　（单位：hm²）

土壤侵蚀强度	合计	坡度					
		≤5°	>5°~8°	>8°~15°	>15°~25°	>25°~35°	>35°
轻度	0.557 7	0.006 0	0.011 5	0.136 6	0.152 7	0.245 7	0.005 2
中度	0.085 4	0.005 0	0.006 6	0.023 8	0.024 3	0.023 0	0.002 7
强烈	0.101 4	0.000 0	0.010 1	0.015 4	0.023 1	0.010 0	0.042 8
极强烈	0.148 5	0.000 2	0.002 9	0.022 8	0.009 8	0.098 0	0.014 8
剧烈	0.068 5	0.000 0	0.007 8	0.014 9	0.030 6	0.015 2	0.000 0
合计	0.961 5	0.011 2	0.038 9	0.213 5	0.240 5	0.391 9	0.065 5

　　将林地土壤侵蚀面积进一步按照植被覆盖度等级统计分析（表 3-30），低覆盖和中低覆盖两个等级的林地土壤侵蚀面积最大，占林地土壤侵蚀总面积的 78.16%，其土壤侵蚀强度以轻度侵蚀为主。

表 3-30 户溪小流域不同植被覆盖度林地土壤侵蚀面积（治理前） （单位：hm²）

土壤侵蚀强度	合计	植被覆盖度				
		低覆盖（<30%）	中低覆盖（30%～<45%）	中覆盖（45%～<60%）	中高覆盖（60%～<75%）	高覆盖（≥75%）
轻度	395.027 5	186.326 4	97.429 1	51.920 1	37.565 6	21.786 3
中度	106.416 0	47.677 1	41.867 3	11.752 6	2.468 9	2.650 1
强烈	49.201 4	27.203 5	16.565 1	3.253 7	1.389 1	0.790 0
极强烈	35.851 6	24.503 5	10.672 0	0.429 0	0.212 7	0.034 4
剧烈	29.900 6	22.245 4	7.303 8	0.292 9	0.050 1	0.008 4
合计	616.397 1	307.955 9	173.837 3	67.648 3	41.686 4	25.269 2

结合土壤侵蚀强度空间分布综合分析，户溪小流域治理前土壤侵蚀主要分布在低覆盖及中低覆盖区、坡度>15°～35°的林地和坡度>6°～25°的耕地上。

3.1.2 面源污染状况

1. 面源污染总体情况

面源污染中 TN 流失量和 TP 流失量在 5 个小流域差异较明显，其中：北山小流域的面源污染最严重，其单位面积 TN 流失量达到 8.77 t/(km²·a)，单位面积 TP 流失量达到 2.78 t/(km²·a)；王家桥小流域由于土壤本底养分含量较低，其面源污染流失量最小。为了更直观地显示各个流域面源污染流失量水平，笔者将各小流域单位面积面源污染流失量进行统计，具体统计数据如表 3-31、图 3-7 所示。

表 3-31 治理前各小流域面源污染流失量

小流域名称	小流域面积/km²	TN 流失量/(t/a)	TP 流失量/(t/a)	单位面积 TN 流失量/[t/(km²·a)]	单位面积 TP 流失量/[t/(km²·a)]
群英小流域	9.88	30.38	14.05	3.07	1.42
安民小流域	11.29	41.82	10.82	3.70	0.96
北山小流域	6.89	60.41	19.13	8.77	2.78
王家桥小流域	16.44	26.42	7.65	1.61	0.47
户溪小流域	12.98	45.69	13.44	3.52	1.04

2. 群英小流域

群英小流域治理前，全流域 TN 流失量为 30.38 t/a，TP 流失量为 14.05 t/a。同土壤侵蚀空间分布一样，群英小流域局部面源污染流失量较大，主要分布在小流域坡面上部，其空间分布分别如图 3-8、图 3-9 所示。从全流域各土地利用类型的面源污染流失量来看，林地土壤侵蚀面积最大，其面源污染流失量占比也最大，其次是旱地（该小流域没有果园）。

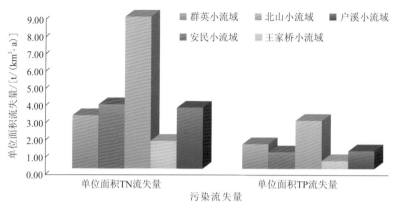

图 3-7　治理前各小流域单位面积面源污染流失量

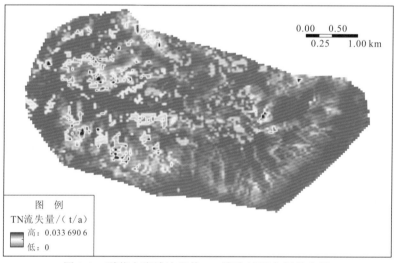

图 3-8　群英小流域治理前 TN 流失情况空间分布图

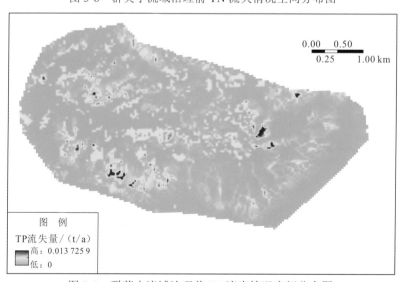

图 3-9　群英小流域治理前 TP 流失情况空间分布图

3. 安民小流域

安民小流域治理前，全流域 TN 流失量为 41.82 t/a，TP 流失量为 10.82 t/a。流域局部面源污染流失量较大，主要分布在小流域南北两侧坡面上部，其空间分布分别如图 3-10、图 3-11 所示。从全流域各土地利用类型的面源污染流失量来看，林地的面源污染流失量占比最大，其次是旱地。

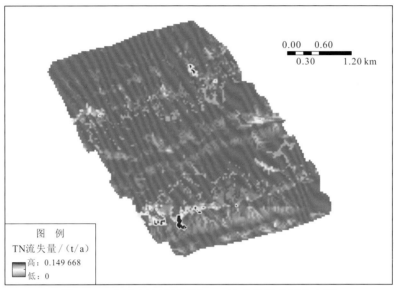

图 3-10　安民小流域治理前 TN 流失情况空间分布图

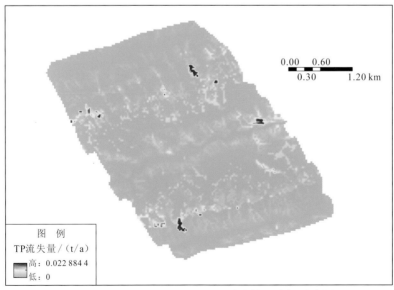

图 3-11　安民小流域治理前 TP 流失情况空间分布图

4. 北山小流域

北山小流域治理前，全流域 TN 流失量为 60.41 t/a，TP 流失量为 19.13 t/a。流域局部坡地面源污染流失量较大，主要分布在小流域北侧坡面上部，其空间分布分别如图 3-12、图 3-13 所示。从全流域中各土地利用类型的面源污染流失量来看，林地的面源污染流失量占比最大，其次是旱地和果园。

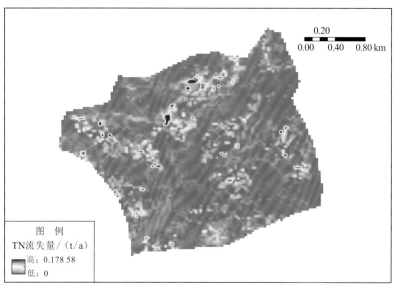

图 3-12　北山小流域治理前 TN 流失情况空间分布图

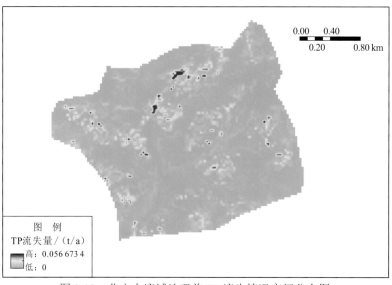

图 3-13　北山小流域治理前 TP 流失情况空间分布图

5. 王家桥小流域

王家桥小流域治理前，全流域 TN 流失量为 26.42 t/a，TP 流失量为 7.65 t/a。流域整体面源污染流失量较大，主要分布在小流域西侧坡面上部，其空间分布分别如图 3-14、图 3-15 所示。从全流域中各土地利用类型的面源污染流失量来看，林地的面源污染流失量占比最大，其次是旱地和果园。

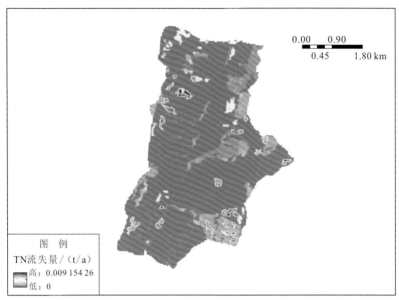

图 3-14 王家桥小流域治理前 TN 流失情况空间分布图

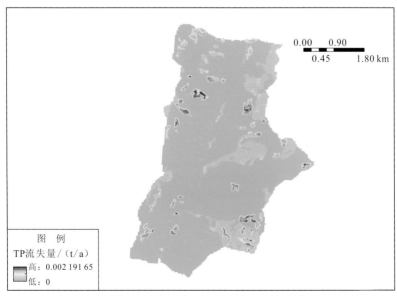

图 3-15 王家桥小流域治理前 TP 流失情况空间分布图

6. 户溪小流域

户溪小流域治理前，全流域 TN 流失量为 45.69 t/a，TP 流失量为 13.44 t/a。流域局部面源污染流失量较大，主要分布在小流域西侧坡面上部，其空间分布分别如图 3-16、图 3-17 所示。从全流域中各土地利用类型的面源污染流失量来看，林地的面源污染流失量占比最大，其次是旱地和果园。

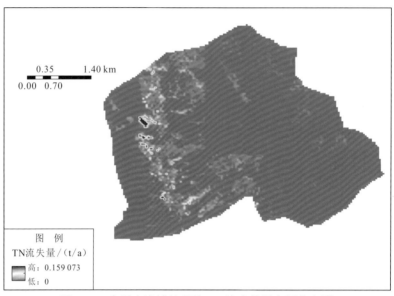

图 3-16　户溪小流域治理前 TN 流失情况空间分布图

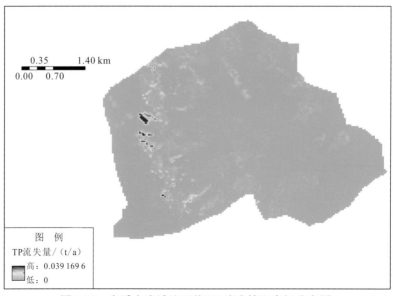

图 3-17　户溪小流域治理前 TP 流失情况空间分布图

3.2 治理后水土流失与面源污染现状

3.2.1 水土流失现状

1. 水土流失整体情况

5 个典型小流域在治理后水土流失情况明显改善，水土流失率减少 8%～50%，中度侵蚀及以上的土壤侵蚀面积占小流域面积的比例为 12.77%，较治理前减少 16.26%。其中：王家桥小流域改善最为明显；北山小流域土壤侵蚀依旧较为严重，水土流失率为 69.91%，中度侵蚀及以上土壤侵蚀面积占小流域面积的比例为 29.17%。各流域土壤侵蚀面积统计结果如表 3-32、图 3-18 所示。

表 3-32　各小流域治理后土壤侵蚀面积（治理后）

小流域名称	小流域面积/hm²	微度侵蚀		轻度侵蚀		中度侵蚀		强烈侵蚀		极强烈侵蚀		剧烈侵蚀		水土流失率/%
		面积/hm²	占小流域面积比例/%	面积/hm²	占小流域面积比例/%	面积/hm²	占小流域面积比例/%	面积/hm²	占小流域面积比例/%	面积/hm²	占小流域面积比例/%	面积/hm²	占小流域面积比例/%	
群英小流域	988[①]	442	44.74	349	35.32	84	8.50	114	11.54	0.00	0.00	0.00	0.00	55.26
安民小流域	1 129	625	55.36	382	33.84	80	7.09	42	3.72	0.00	0.00	0.00	0.00	44.64
北山小流域	689	207	30.04	280	40.64	88	12.77	113	16.40	0.00	0.00	0.00	0.00	69.91
王家桥小流域	1 644	1 327	80.72	235	14.29	82	4.99	0	0.00	0.00	0.00	0.00	0.00	19.28
户溪小流域	1 298	927	71.42	240	18.49	75	5.78	56	4.31	0.00	0.00	0.00	0.00	28.58
合计	5 748	3 528	61.38	1 486	25.85	409	7.12	325	5.65	0.00	0.00	0.00	0.00	38.61

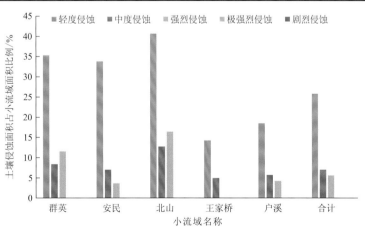

图 3-18　各小流域土壤侵蚀面积占比对比图（治理后）

---

① 总数不等于各相关数据之和，是因为有些数据进行过舍入修约，全书同。

2. 群英小流域

从土壤侵蚀面积来看（图 3-19、表 3-33），群英小流域治理后水土流失情况较治理前有所改善，治理后土壤侵蚀面积为 547.000 0 hm²，占小流域面积的比例为 55.36%；从土壤侵蚀强度来看，群英小流域土壤侵蚀强度以轻度侵蚀为主，土壤轻度侵蚀面积占小流域面积的比例为 35.29%；按土地利用类型来分，有林地土壤侵蚀面积为440.375 5 hm²，占不同土地利用类型土壤侵蚀总面积的比例最大，其次是灌木林地、旱地、其他草地。

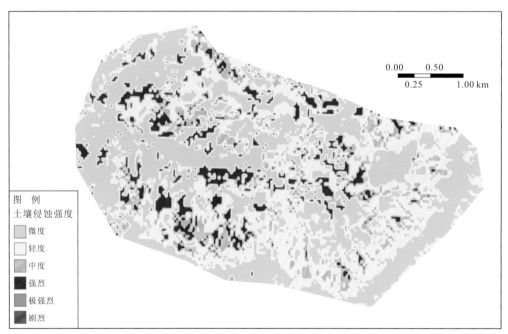

图 3-19　群英小流域土壤侵蚀强度图（治理后）

表 3-33　群英小流域不同土地利用类型土壤侵蚀面积（治理后）　（单位：hm²）

土地利用类型	合计	土壤侵蚀强度				
		轻度	中度	强烈	极强烈	剧烈
旱地	26.430 6	9.545 4	13.123 1	3.762 1	0.000 0	0.000 0
有林地	440.375 5	282.891 9	59.590 0	97.893 6	0.000 0	0.000 0
灌木林地	47.482 8	31.451 6	7.658 1	8.373 1	0.000 0	0.000 0
其他林地	0.954 2	0.501 8	0.321 2	0.131 2	0.000 0	0.000 0
其他草地	28.128 7	21.462 9	2.498 6	4.167 2	0.000 0	0.000 0
其他建设用地	0.556 6	0.340 0	0.132 1	0.084 5	0.000 0	0.000 0
农村道路	2.631 8	2.069 7	0.279 2	0.282 9	0.000 0	0.000 0
其他土地	0.439 8	0.439 8	0.000 0	0.000 0	0.000 0	0.000 0
合计	547.000 0	348.703 1	83.602 3	114.694 6	0.000 0	0.000 0

将耕地、林地、草地土壤侵蚀面积进一步按坡度等级统计分析（表3-34、表3-35、表3-36）：治理后坡度>6°～15°和坡度>15°～25°两个等级的耕地土壤侵蚀面积依旧最大，占耕地土壤侵蚀总面积的91.78%；林地土壤侵蚀强度仍以轻度侵蚀为主，>15°～35°坡度等级的土壤侵蚀面积最大；草地土壤侵蚀面积相对较小，且以轻度侵蚀为主。

表3-34　群英小流域不同坡度等级耕地土壤侵蚀面积（治理后）　（单位：hm²）

土壤侵蚀强度	合计	坡度				
		≤2°	>2°～6°	>6°～15°	>15°～25°	>25°
轻度	9.425 3	0.000 0	0.053 0	5.267 0	3.878 6	0.226 7
中度	13.216 7	0.010 0	0.150 0	3.410 0	9.276 7	0.370 0
强烈	3.788 6	0.000 0	0.588 7	0.749 2	1.677 1	0.773 6
极强烈	0.000 0	0.000 0	0.000 0	0.000 0	0.000 0	0.000 0
剧烈	0.000 0	0.000 0	0.000 0	0.000 0	0.000 0	0.000 0
合计	26.430 6	0.010 0	0.791 7	9.426 2	14.832 4	1.370 3

表3-35　群英小流域不同坡度等级林地土壤侵蚀面积（治理后）　（单位：hm²）

土壤侵蚀强度	合计	坡度					
		≤5°	>5°～8°	>8°～15°	>15°～25°	>25°～35°	>35°
轻度	314.470 8	3.037 8	18.210 0	44.180 0	128.403 0	94.810 0	25.830 0
中度	67.701 7	0.840 0	1.090 0	13.690 0	21.641 7	23.280 0	7.160 0
强烈	106.640 0	0.600 0	1.890 0	6.860 0	78.710 0	16.350 0	2.230 0
极强烈	0.000 0	0.000 0	0.000 0	0.000 0	0.000 0	0.000 0	0.000 0
剧烈	0.000 0	0.000 0	0.000 0	0.000 0	0.000 0	0.000 0	0.000 0
合计	488.812 5	4.477 8	21.190 0	64.730 0	228.754 7	134.440 0	35.220 0

表3-36　群英小流域不同坡度等级草地土壤侵蚀面积（治理后）　（单位：hm²）

土壤侵蚀强度	合计	坡度					
		≤5°	>5°～8°	>8°～15°	>15°～25°	>25°～35°	>35°
轻度	21.476 7	0.025 7	0.071 0	1.180 0	9.270 0	10.930 0	0.000 0
中度	2.489 0	0.000 0	0.000 0	0.326 0	1.773 0	0.390 0	0.000 0
强烈	4.163 0	0.000 0	0.000 0	1.720 0	2.333 0	0.110 0	0.000 0
极强烈	0.000 0	0.000 0	0.000 0	0.000 0	0.000 0	0.000 0	0.000 0
剧烈	0.000 0	0.000 0	0.000 0	0.000 0	0.000 0	0.000 0	0.000 0
合计	28.128 7	0.025 7	0.071 0	3.226 0	13.376 0	11.430 0	0.000 0

将林地土壤侵蚀面积进一步按照植被覆盖度等级统计分析（表3-37），低覆盖和中低覆盖两个等级的林地土壤侵蚀面积仍最大，占林地土壤侵蚀总面积的91.14%，且土壤侵蚀强度以轻度侵蚀为主。

表 3-37　群英小流域不同植被覆盖度下林地土壤侵蚀面积（治理后）（单位：hm²）

土壤侵蚀强度	合计	植被覆盖度				
		低覆盖 （<30%）	中低覆盖 （30%～<45%）	中覆盖 （45%～<60%）	中高覆盖 （60%～<75%）	高覆盖 （≥75%）
轻度	314.456 8	201.467 8	86.660 0	13.870 0	6.919 0	5.540 0
中度	67.780 0	32.920 0	19.940 0	7.650 0	3.650 0	3.620 0
强烈	106.647 0	91.290 0	13.312 0	1.190 0	0.430 0	0.425 0
极强烈	0.000 0	0.000 0	0.000 0	0.000 0	0.000 0	0.000 0
剧烈	0.000 0	0.000 0	0.000 0	0.000 0	0.000 0	0.000 0
合计	488.883 8	325.677 8	119.912 0	22.710 0	10.999 0	9.585 0

结合土壤侵蚀强度空间分布综合分析，群英小流域治理后水土流失有所改善，现有土壤侵蚀主要分布在低覆盖及中低覆盖、坡度>15°～35°的林地和坡度>6°～25°的耕地上。

3. 安民小流域

从土壤侵蚀面积来看（图 3-20、表 3-38），安民小流域在治理后水土流失情况较治理之前有所改善，治理后土壤侵蚀面积为 504.198 7 hm²，占小流域面积的比例为 44.66%；从土壤侵蚀强度来看，安民小流域土壤侵蚀强度以轻度侵蚀为主，土壤轻度侵蚀面积占小流域面积的比例为 33.83%；按土地利用类型来分，有林地土壤侵蚀面积为 466.959 7 hm²，占不同土地利用类型土壤侵蚀总面积的比例最大，其次是旱地、其他草地。

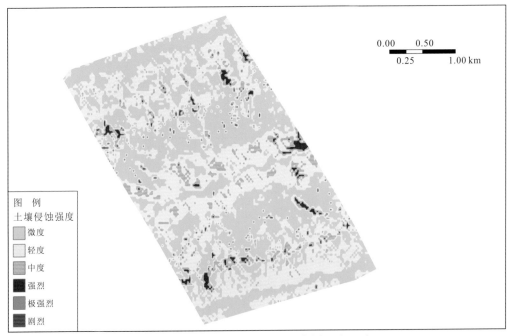

图 3-20　安民小流域土壤侵蚀强度图（治理后）

表 3-38　安民小流域不同土地利用类型土壤侵蚀面积（治理后）　（单位：hm²）

土地利用类型	合计	土壤侵蚀强度				
		轻度	中度	强烈	极强烈	剧烈
旱地	17.949 6	4.558 6	7.696 4	5.694 6	0.000 0	0.000 0
果园	2.738 7	0.670 8	0.209 4	1.858 5	0.000 0	0.000 0
有林地	466.959 7	371.788 4	69.647 0	25.524 3	0.000 0	0.000 0
灌木林地	1.037 1	0.194 3	0.049 4	0.793 4	0.000 0	0.000 0
其他林地	0.382 6	0.095 2	0.000 0	0.287 4	0.000 0	0.000 0
其他草地	7.791 8	2.168 2	0.801 4	4.822 2	0.000 0	0.000 0
其他建设用地	0.028 9	0.004 3	0.024 6	0.000 0	0.000 0	0.000 0
农村道路	6.930 4	2.305 6	1.152 4	3.472 4	0.000 0	0.000 0
裸土地	0.379 9	0.179 3	0.060 9	0.139 7	0.000 0	0.000 0
合计	504.198 7	381.964 7	79.641 5	42.592 5	0.000 0	0.000 0

将耕地、林地、草地、园地土壤侵蚀面积进一步按坡度等级统计分析（表 3-39、表 3-40、表 3-41、表 3-42）：>6°～15°和>15°～25°两个坡度等级的耕地土壤侵蚀面积最大，占耕地土壤侵蚀总面积的 80.21%；林地土壤侵蚀强度以轻度侵蚀为主，>8°～25°坡度等级的土壤侵蚀面积最大，占林地土壤侵蚀总面积的 69.06%；草地和园地土壤侵蚀面积均较小，草地以轻度侵蚀为主，园地以强烈侵蚀为主。

表 3-39　安民小流域不同坡度等级耕地土壤侵蚀面积（治理后）　（单位：hm²）

土壤侵蚀强度	合计	坡度				
		≤2°	>2°～6°	>6°～15°	>15°～25°	>25°
轻度	4.558 6	1.030 0	2.200 0	1.108 0	0.200 6	0.020 0
中度	7.696 4	0.000 0	0.262 3	2.258 0	5.156 1	0.020 0
强烈	5.694 6	0.000 0	0.010 0	0.640 0	5.034 6	0.010 0
极强烈	0.000 0	0.000 0	0.000 0	0.000 0	0.000 0	0.000 0
剧烈	0.000 0	0.000 0	0.000 0	0.000 0	0.000 0	0.000 0
合计	17.949 6	1.030 0	2.472 3	4.006 0	10.391 3	0.050 0

表 3-40　安民小流域不同坡度等级林地土壤侵蚀面积（治理后）（单位：hm²）

土壤侵蚀强度	合计	坡度					
		≤5°	>5°～8°	>8°～15°	>15°～25°	>25°～35°	>35°
轻度	372.037 7	3.404 7	18.210 0	144.180 0	126.403 0	54.010 0	25.830 0
中度	69.701 7	0.840 0	1.090 0	15.690 0	21.641 7	23.280 0	7.160 0
强烈	26.640 0	0.600 0	1.890 0	6.860 0	8.710 0	6.350 0	2.230 0
极强烈	0.000 0	0.000 0	0.000 0	0.000 0	0.000 0	0.000 0	0.000 0
剧烈	0.000 0	0.000 0	0.000 0	0.000 0	0.000 0	0.000 0	0.000 0
合计	468.379 4	4.844 7	21.190 0	166.730 0	156.754 7	83.640 0	35.220 0

表 3-41　安民小流域不同坡度等级草地土壤侵蚀面积（治理后）（单位：hm²）

土壤侵蚀强度	合计	坡度					
		≤5°	>5°～8°	>8°～15°	>15°～25°	>25°～35°	>35°
轻度	2.168 2	0.030 0	0.050 0	0.778 1	1.090 1	0.170 0	0.050 0
中度	0.801 4	0.000 0	0.010 0	0.065 3	0.634 1	0.072 0	0.020 0
强烈	4.822 2	0.010 0	0.010 0	1.339 7	1.430 8	1.001 7	1.030 0
极强烈	0.000 0	0.000 0	0.000 0	0.000 0	0.000 0	0.000 0	0.000 0
剧烈	0.000 0	0.000 0	0.000 0	0.000 0	0.000 0	0.000 0	0.000 0
合计	7.791 8	0.040 0	0.070 0	2.183 1	3.155 0	1.243 7	1.100 0

表 3-42　安民小流域不同坡度等级园地土壤侵蚀面积（治理后）（单位：hm²）

土壤侵蚀强度	合计	坡度					
		≤5°	>5°～8°	>8°～15°	>15°～25°	>25°～35°	>35°
轻度	0.670 8	0.000 0	0.000 0	0.110 0	0.310 0	0.250 8	0.000 0
中度	0.209 4	0.000 0	0.000 0	0.091 0	0.090 8	0.027 6	0.000 0
强烈	1.858 5	0.000 0	0.000 0	0.181 0	1.095 3	0.582 2	0.000 0
极强烈	0.000 0	0.000 0	0.000 0	0.000 0	0.000 0	0.000 0	0.000 0
剧烈	0.000 0	0.000 0	0.000 0	0.000 0	0.000 0	0.000 0	0.000 0
合计	2.738 7	0.000 0	0.000 0	0.382 0	1.496 1	0.860 6	0.000 0

　　将林地土壤侵蚀面积进一步按照植被覆盖度等级统计分析（表 3-43），低覆盖和中低覆盖两个等级的林地土壤侵蚀面积最大，占林地土壤侵蚀总面积的 87.09%，其土壤侵蚀强度以轻度侵蚀为主。

表 3-43　安民小流域不同植被覆盖度下林地土壤侵蚀面积（治理后）（单位：hm²）

土壤侵蚀强度	合计	植被覆盖度				
		低覆盖 （<30%）	中低覆盖 （30%～<45%）	中覆盖 （45%～<60%）	中高覆盖 （60%～<75%）	高覆盖 （≥75%）
轻度	372.027 7	241.834 7	86.660 0	23.870 0	14.119 0	5.540 0
中度	69.780 0	32.920 0	21.940 0	7.650 0	3.650 0	3.620 0
强烈	26.647 0	21.290 0	3.312 0	1.190 0	0.430 0	0.425 0
极强烈	0.000 0	0.000 0	0.000 0	0.000 0	0.000 0	0.000 0
剧烈	0.000 0	0.000 0	0.000 0	0.000 0	0.000 0	0.000 0
合计	468.450 7	296.044 7	111.912 0	32.710 0	18.199 0	9.585 0

　　结合土壤侵蚀强度空间分布综合分析，安民小流域治理后水土流失情况有较大改善，现有土壤侵蚀主要分布在低覆盖、坡度>8°～25°的林地和坡度>6°～25°的耕地上。

4. 北山小流域

　　从土壤侵蚀面积来看（图 3-21、表 3-44），北山小流域在治理后水土流失情况较治理前有所改善，治理后土壤侵蚀面积为 481.000 0 hm²，土壤侵蚀面积占小流域面积的 69.81%；从土壤侵蚀强度来看，北山小流域土壤侵蚀强度以轻度侵蚀为主，土壤轻度侵蚀面积占小流域面积的 40.53%；按土地利用类型来分，有林地土壤侵蚀面积为 435.736 6 hm²，占不同土地利用类型土壤侵蚀总面积的比例最大，其次是灌木林地。

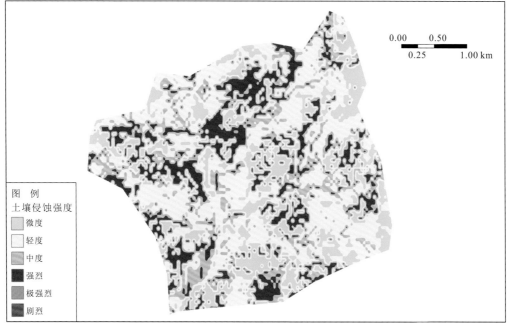

图 3-21　北山小流域土壤侵蚀强度图（治理后）

表 3-44　北山小流域不同土地利用类型土壤侵蚀面积（治理后）（单位：hm²）

土地利用类型	合计	土壤侵蚀强度				
		轻度	中度	强烈	极强烈	剧烈
旱地	15.129 6	3.558 6	5.876 4	5.694 6	0.000 0	0.000 0
果园	2.571 7	0.503 8	0.209 4	1.858 5	0.000 0	0.000 0
有林地	435.736 6	262.671 3	73.207 0	99.858 3	0.000 0	0.000 0
灌木林地	18.039 1	9.194 3	8.049 4	0.795 4	0.000 0	0.000 0
其他林地	0.382 6	0.095 2	0.000 0	0.287 4	0.000 0	0.000 0
其他草地	7.791 8	2.168 2	0.801 4	4.822 2	0.000 0	0.000 0
其他建设用地	0.134 6	0.078 2	0.036 7	0.019 7	0.000 0	0.000 0
农村道路	0.022 9	0.006 7	0.009 5	0.006 7	0.000 0	0.000 0
裸土地	0.342 1	0.121 2	0.184 6	0.036 3	0.000 0	0.000 0
其他土地	0.849 0	0.849 0	0.000 0	0.000 0	0.000 0	0.000 0
合计	481.000 0	279.246 5	88.374 4	113.379 1	0.000 0	0.000 0

将耕地、林地、草地、园地土壤侵蚀面积进一步按坡度等级统计分析（表 3-45、表 3-46、表 3-47、表 3-48），>6~15°和>15~25°两个坡度等级的耕地土壤侵蚀面积最大，占耕地土壤侵蚀总面积的 89.93%；林地土壤侵蚀强度以轻度侵蚀为主，>15°坡度等级的土壤侵蚀面积仍然最大，占林地土壤侵蚀总面积的 83.26%；草地和园地土壤侵蚀面积均相对较小，草地以轻度侵蚀为主，园地以强烈侵蚀为主。

表 3-45　北山小流域不同坡度等级耕地土壤侵蚀面积（治理后）（单位：hm²）

土壤侵蚀强度	合计	坡度				
		≤2°	>2°~6°	>6°~15°	>15°~25°	>25°
轻度	3.543 7	0.000 0	0.053 0	1.267 0	1.958 6	0.265 1
中度	5.887 7	0.010 0	0.190 0	1.741 0	3.576 7	0.370 0
强烈	5.698 2	0.000 0	0.180 2	1.418 0	3.630 0	0.470 0
极强烈	0.000 0	0.000 0	0.000 0	0.000 0	0.000 0	0.000 0
剧烈	0.000 0	0.000 0	0.000 0	0.000 0	0.000 0	0.000 0
合计	15.129 6	0.010 0	0.423 2	4.426 0	9.165 3	1.105 1

表 3-46　北山小流域不同坡度等级林地土壤侵蚀面积（治理后）（单位：hm²）

土壤侵蚀强度	合计	坡度					
		≤5°	>5°～8°	>8°～15°	>15°～25°	>25°～35°	>35°
轻度	272.714 9	9.814 9	13.690 0	22.670 0	63.990 0	84.660 0	77.890 0
中度	81.110 0	2.000 0	5.500 0	9.710 0	14.280 0	23.500 0	26.120 0
强烈	100.333 4	0.760 0	1.410 0	10.470 0	21.083 4	31.890 0	34.720 0
极强烈	0.000 0	0.000 0	0.000 0	0.000 0	0.000 0	0.000 0	0.000 0
剧烈	0.000 0	0.000 0	0.000 0	0.000 0	0.000 0	0.000 0	0.000 0
合计	454.158 3	12.574 9	20.600 0	42.850 0	99.353 4	140.050 0	138.730 0

表 3-47　北山小流域不同坡度等级草地土壤侵蚀面积（治理后）（单位：hm²）

土壤侵蚀强度	合计	坡度					
		≤5°	>5°～8°	>8°～15°	>15°～25°	>25°～35°	>35°
轻度	2.158 8	0.007 8	0.031 0	0.080 0	2.020 0	0.020 0	0.000 0
中度	0.803 0	0.000 0	0.000 0	0.220 0	0.573 0	0.010 0	0.000 0
强烈	4.830 0	0.000 0	0.000 0	0.378 0	4.431 8	0.020 2	0.000 0
极强烈	0.000 0	0.000 0	0.000 0	0.000 0	0.000 0	0.000 0	0.000 0
剧烈	0.000 0	0.000 0	0.000 0	0.000 0	0.000 0	0.000 0	0.000 0
合计	7.791 8	0.007 8	0.031 0	0.678 0	7.024 8	0.050 2	0.000 0

表 3-48　北山小流域不同坡度等级园地土壤侵蚀面积（治理后）（单位：hm²）

土壤侵蚀强度	合计	坡度					
		≤5°	>5°～8°	>8°～15°	>15°～25°	>25°～35°	>35°
轻度	0.502 4	0.000 0	0.010 0	0.050 0	0.126 7	0.305 7	0.010 0
中度	0.209 6	0.000 0	0.000 0	0.028 5	0.150 4	0.030 7	0.000 0
强烈	1.859 7	0.000 0	0.000 0	0.072 8	0.743 7	1.043 2	0.000 0
极强烈	0.000 0	0.000 0	0.000 0	0.000 0	0.000 0	0.000 0	0.000 0
剧烈	0.000 0	0.000 0	0.000 0	0.000 0	0.000 0	0.000 0	0.000 0
合计	2.571 7	0.000 0	0.010 0	0.151 3	1.020 8	1.379 6	0.010 0

　　将林地土壤侵蚀面积进一步按照植被覆盖度等级统计分析（表 3-49），低覆盖和中低覆盖两个等级的林地土壤侵蚀面积仍最大，占林地土壤侵蚀总面积的 75.22%，其土壤侵蚀强度以轻度侵蚀为主。

表 3-49　北山小流域不同植被覆盖度下林地土壤侵蚀面积（治理后）（单位：hm²）

土壤侵蚀强度	合计	植被覆盖度				
		低覆盖 （<30%）	中低覆盖 （30%～<45%）	中覆盖 （45%～<60%）	中高覆盖 （60%～<75%）	高覆盖 （≥75%）
轻度	272.683 9	106.686 9	80.740 0	48.680 0	34.187 0	2.390 0
中度	81.533 0	29.317 0	28.710 0	14.820 0	8.030 0	0.656 0
强烈	100.986 4	74.821 4	22.131 0	2.284 0	1.480 0	0.270 0
极强烈	0.000 0	0.000 0	0.000 0	0.000 0	0.000 0	0.000 0
剧烈	0.000 0	0.000 0	0.000 0	0.000 0	0.000 0	0.000 0
合计	455.203 3	210.825 3	131.581 0	65.784 0	43.697 0	3.316 0

结合土壤侵蚀强度空间分布综合分析，北山小流域治理后水土流失有较大改善，现有土壤侵蚀仍主要分布在低覆盖、>15°的林地和>15°～25°的耕地上。

5. 王家桥小流域

从土壤侵蚀面积来看（图 3-22、表 3-50），王家桥小流域在治理后水土流失情况有明显改善，治理后土壤侵蚀面积为 317.161 6 hm²，小流域土壤侵蚀面积占小流域面积的比例为 19.29%；从土壤侵蚀强度来看，王家桥小流域土壤侵蚀强度以轻度侵蚀为主，土壤轻度侵蚀面积占小流域面积的比例为 14.30%；按土地利用类型来分，有林地土壤侵蚀面积为 240.206 9 hm²，占不同土地利用类型土壤侵蚀总面积的比例最大，其次是果园、旱地。

图 3-22　王家桥小流域土壤侵蚀强度图（治理后）

表 3-50　王家桥小流域不同土地利用类型土壤侵蚀面积（治理后）（单位：hm²）

土地利用类型	合计	土壤侵蚀强度				
		轻度	中度	强烈	极强烈	剧烈
旱地	13.317 7	5.272 4	8.045 3	0.000 0	0.000 0	0.000 0
果园	53.157 0	26.079 8	27.077 2	0.000 0	0.000 0	0.000 0
有林地	240.206 9	197.001 4	43.205 5	0.000 0	0.000 0	0.000 0
灌木林地	1.827 0	1.264 7	0.562 3	0.000 0	0.000 0	0.000 0
其他林地	0.107 9	0.107 9	0.000 0	0.000 0	0.000 0	0.000 0
其他草地	6.016 5	4.114 3	1.902 2	0.000 0	0.000 0	0.000 0
其他建设用地	0.307 5	0.005 0	0.302 5	0.000 0	0.000 0	0.000 0
农村道路	1.958 1	0.966 5	0.991 6	0.000 0	0.000 0	0.000 0
沼泽地	0.000 0	0.000 0	0.000 0	0.000 0	0.000 0	0.000 0
裸土地	0.263 0	0.263 0	0.000 0	0.000 0	0.000 0	0.000 0
合计	317.161 6	235.075 0	82.086 6	0.000 0	0.000 0	0.000 0

　　将耕地、林地、园地、草地土壤侵蚀面积进一步按坡度等级统计分析（表 3-51、表 3-52、表 3-53、表 3-54）：>6～15°和>15～25°两个坡度等级的耕地土壤侵蚀面积最大，占耕地土壤侵蚀总面积的 92.83%；林地土壤侵蚀强度以轻度侵蚀为主，>15°～25°坡度等级的土壤侵蚀面积最大，占林地土壤侵蚀总面积的 44.35%；园地土壤侵蚀强度以轻度侵蚀、中度侵蚀为主，>8°～25°坡度等级的土壤侵蚀面积最大，占园地土壤侵蚀总面积的 79.68%；草地土壤侵蚀面积相对较小，且以轻度侵蚀为主。

表 3-51　王家桥小流域不同坡度等级耕地土壤侵蚀面积（治理后）（单位：hm²）

土壤侵蚀强度	合计	坡度				
		≤2°	>2°～6°	>6°～15°	>15°～25°	>25°
轻度	5.270 0	0.000 0	0.053 0	1.267 0	3.578 6	0.371 4
中度	8.047 7	0.010 0	0.150 0	2.041 0	5.476 7	0.370 0
强烈	0.000 0	0.000 0	0.000 0	0.000 0	0.000 0	0.000 0
极强烈	0.000 0	0.000 0	0.000 0	0.000 0	0.000 0	0.000 0
剧烈	0.000 0	0.000 0	0.000 0	0.000 0	0.000 0	0.000 0
合计	13.317 7	0.010 0	0.203 0	3.308 0	9.055 3	0.741 4

表 3-52　王家桥小流域不同坡度等级林地土壤侵蚀面积（治理后）（单位：hm²）

土壤侵蚀强度	合计	坡度					
		≤5°	>5°～8°	>8°～15°	>15°～25°	>25°～35°	>35°
轻度	198.210 1	2.880 1	8.610 0	44.680 0	96.200 0	40.010 0	5.830 0
中度	43.931 7	0.840 0	1.090 0	6.690 0	11.201 7	23.280 0	0.830 0
强烈	0.000 0	0.000 0	0.000 0	0.000 0	0.000 0	0.000 0	0.000 0
极强烈	0.000 0	0.000 0	0.000 0	0.000 0	0.000 0	0.000 0	0.000 0
剧烈	0.000 0	0.000 0	0.000 0	0.000 0	0.000 0	0.000 0	0.000 0
合计	242.141 8	3.720 1	9.700 0	51.370 0	107.401 7	63.290 0	6.660 0

表 3-53　王家桥小流域不同坡度等级园地土壤侵蚀面积（治理后）（单位：hm²）

土壤侵蚀强度	合计	坡度					
		≤5°	>5°～8°	>8°～15°	>15°～25°	>25°～35°	>35°
轻度	25.947 4	0.000 0	0.010 0	12.050 0	10.126 7	3.750 7	0.010 0
中度	27.209 6	0.000 0	0.000 0	7.028 5	13.150 4	7.030 7	0.000 0
强烈	0.000 0	0.000 0	0.000 0	0.000 0	0.000 0	0.000 0	0.000 0
极强烈	0.000 0	0.000 0	0.000 0	0.000 0	0.000 0	0.000 0	0.000 0
剧烈	0.000 0	0.000 0	0.000 0	0.000 0	0.000 0	0.000 0	0.000 0
合计	53.157 0	0.000 0	0.010 0	19.078 5	23.277 1	10.781 4	0.010 0

表 3-54　王家桥小流域不同坡度等级草地土壤侵蚀面积（治理后）（单位：hm²）

土壤侵蚀强度	合计	坡度					
		≤5°	>5°～8°	>8°～15°	>15°～25°	>25°～35°	>35°
轻度	4.113 5	0.017 8	0.031 0	1.080 0	2.070 0	0.914 7	0.000 0
中度	1.903 0	0.000 0	0.000 0	0.520 0	0.973 0	0.410 0	0.000 0
强烈	0.000 0	0.000 0	0.000 0	0.000 0	0.000 0	0.000 0	0.000 0
极强烈	0.000 0	0.000 0	0.000 0	0.000 0	0.000 0	0.000 0	0.000 0
剧烈	0.000 0	0.000 0	0.000 0	0.000 0	0.000 0	0.000 0	0.000 0
合计	6.016 5	0.017 8	0.031 0	1.600 0	3.043 0	1.324 7	0.000 0

　　将林地土壤侵蚀面积进一步按照植被覆盖度等级统计分析（表 3-55），低覆盖和中低覆盖两个等级的林地土壤侵蚀面积最大，占林地土壤侵蚀总面积的 86.09%，其土壤侵蚀强度以轻度侵蚀为主。

表 3-55　王家桥小流域不同植被覆盖度下林地土壤侵蚀面积（治理后）（单位：hm²）

土壤侵蚀强度	合计	植被覆盖度				
		低覆盖 （<30%）	中低覆盖 （30%～<45%）	中覆盖 （45%～<60%）	中高覆盖 （60%～<75%）	高覆盖 （≥75%）
轻度	198.231 1	134.850 1	36.921 0	18.510 0	7.950 0	0.000 0
中度	43.242 0	23.760 0	12.330 0	6.640 0	0.512 0	0.000 0
强烈	0.000 0	0.000 0	0.000 0	0.000 0	0.000 0	0.000 0
极强烈	0.000 0	0.000 0	0.000 0	0.000 0	0.000 0	0.000 0
剧烈	0.000 0	0.000 0	0.000 0	0.000 0	0.000 0	0.000 0
合计	241.437 1	158.610 1	49.251 0	25.150 0	8.462 0	0.000 0

结合土壤侵蚀强度空间分布综合分析，王家桥小流域治理后水土流失情况明显改善，现有土壤侵蚀仍主要分布在低覆盖及中低覆盖、坡度>15°～25°的林地，坡度>8°～25°的园地和坡度>15°～25°的耕地上。

6. 户溪小流域

从土壤侵蚀面积来看（图 3-23、表 3-56），户溪小流域在治理后土壤侵蚀面积较治理前有所减少，治理后土壤侵蚀面积为 371.000 0 hm²，占小流域面积的比例为 28.58%。从土壤侵蚀强度来看，户溪小流域土壤侵蚀强度以轻度侵蚀为主，土壤轻度侵蚀面积占小流域面积比例为 18.49%；按土地利用类型来分：有林地土壤侵蚀面积为 321.325 5 hm²，占不同土地利用类型土壤侵蚀总面积的比例最大，其次是旱地和其他草地。

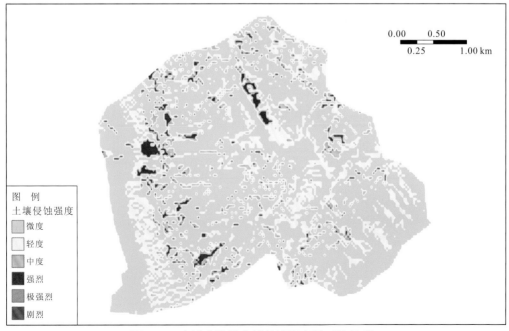

图 3-23　户溪小流域土壤侵蚀强度图（治理后）

表 3-56　户溪小流域不同土地利用类型土壤侵蚀面积（治理后）（单位：hm²）

土地利用类型	合计	土壤侵蚀强度				
		轻度	中度	强烈	极强烈	剧烈
旱地	33.068 8	5.046 6	21.537 1	6.485 1	0.000 0	0.000 0
果园	0.049 1	0.000 6	0.000 0	0.048 5	0.000 0	0.000 0
其他园地	2.375 8	0.073 0	1.533 4	0.769 4	0.000 0	0.000 0
有林地	321.325 5	228.816 8	50.181 9	42.326 8	0.000 0	0.000 0
灌木林地	0.038 9	0.000 0	0.000 0	0.038 9	0.000 0	0.000 0
其他林地	0.102 8	0.028 6	0.047 3	0.026 9	0.000 0	0.000 0
其他草地	10.391 7	4.426 5	1.408 7	4.556 5	0.000 0	0.000 0
农村道路	1.399 1	0.626 5	0.373 5	0.399 1	0.000 0	0.000 0
裸土地	0.685 4	0.254 5	0.000 0	0.430 9	0.000 0	0.000 0
其他土地	1.562 9	0.726 9	0.000 0	0.836 0	0.000 0	0.000 0
合计	371.000 0	240.000 0	75.081 9	55.918 1	0.000 0	0.000 0

将耕地、林地、园地、草地土壤侵蚀面积进一步按坡度等级统计分析（表 3-57、表 3-58、表 3-59、表 3-60）：>6°～15°和>15°～25°两个坡度等级的耕地土壤侵蚀面积最大，占耕地土壤侵蚀总面积的 90.85%；林地土壤侵蚀强度以轻度侵蚀为主，>15°～25°坡度等级的土壤侵蚀面积最大，占林地土壤侵蚀总面积的 38.67%；园地和草地土壤侵蚀面积均相对较小，园地以中度侵蚀和强烈侵蚀为主，草地以轻度侵蚀和强烈侵蚀为主。

表 3-57　户溪小流域不同坡度等级耕地土壤侵蚀面积（治理后）（单位：hm²）

土壤侵蚀强度	合计	坡度				
		≤2°	>2°～6°	>6°～15°	>15°～25°	>25°
轻度	5.163 5	0.000 0	0.053 0	1.267 0	3.463 5	0.380 0
中度	21.416 7	0.010 0	0.150 0	5.410 0	15.476 7	0.370 0
强烈	6.488 6	0.000 0	0.288 7	0.749 2	3.677 1	1.773 6
极强烈	0.000 0	0.000 0	0.000 0	0.000 0	0.000 0	0.000 0
剧烈	0.000 0	0.000 0	0.000 0	0.000 0	0.000 0	0.000 0
合计	33.068 8	0.010 0	0.491 7	7.426 2	22.617 3	2.523 6

表 **3-58**　户溪小流域不同坡度等级林地土壤侵蚀面积（治理后）（单位：hm²）

土壤侵蚀强度	合计	坡度					
		≤5°	>5°~8°	>8°~15°	>15°~25°	>25°~35°	>35°
轻度	228.895 5	3.362 5	8.610 0	44.680 0	96.403 0	50.010 0	25.830 0
中度	50.231 7	0.840 0	1.090 0	6.690 0	11.201 7	23.280 0	7.130 0
强烈	42.340 0	0.600 0	1.890 0	9.860 0	16.710 0	11.050 0	2.230 0
极强烈	0.000 0	0.000 0	0.000 0	0.000 0	0.000 0	0.000 0	0.000 0
剧烈	0.000 0	0.000 0	0.000 0	0.000 0	0.000 0	0.000 0	0.000 0
合计	321.467 2	4.802 5	11.590 0	61.230 0	124.314 7	84.340 0	35.190 0

表 **3-59**　户溪小流域不同坡度等级园地土壤侵蚀面积（治理后）（单位：hm²）

土壤侵蚀强度	合计	坡度					
		≤5°	>5°~8°	>8°~15°	>15°~25°	>25°~35°	>35°
轻度	0.143 8	0.000 0	0.010 0	0.005 0	0.012 7	0.045 0	0.071 1
中度	3.071 8	0.000 0	0.000 0	0.028 5	0.160 4	1.347 0	1.535 9
强烈	1.635 8	0.000 0	0.000 0	0.017 6	0.194 3	0.606 0	0.817 9
极强烈	0.000 0	0.000 0	0.000 0	0.000 0	0.000 0	0.000 0	0.000 0
剧烈	0.000 0	0.000 0	0.000 0	0.000 0	0.000 0	0.000 0	0.000 0
合计	4.851 4	0.000 0	0.010 0	0.051 1	0.367 4	1.998 0	2.424 9

表 **3-60**　户溪小流域不同坡度等级草地土壤侵蚀面积（治理后）（单位：hm²）

土壤侵蚀强度	合计	坡度					
		≤5°	>5°~8°	>8°~15°	>15°~25°	>25°~35°	>35°
轻度	4.419 7	0.017 8	0.031 0	1.180 0	2.270 0	0.920 9	0.000 0
中度	1.409 0	0.000 0	0.000 0	0.326 0	0.773 0	0.310 0	0.000 0
强烈	4.563 0	0.000 0	0.000 0	1.720 0	2.333 0	0.510 0	0.000 0
极强烈	0.000 0	0.000 0	0.000 0	0.000 0	0.000 0	0.000 0	0.000 0
剧烈	0.000 0	0.000 0	0.000 0	0.000 0	0.000 0	0.000 0	0.000 0
合计	10.391 7	0.017 8	0.031 0	3.226 0	5.376 0	1.740 9	0.000 0

　　将林地土壤侵蚀面积进一步按照植被覆盖度等级统计分析（表 3-61），低覆盖和中低覆盖两个等级的林地土壤侵蚀面积最大，占林地土壤侵蚀总面积的 79.39%，其土壤侵蚀强度以轻度侵蚀为主。

表 3-61　户溪小流域不同植被覆盖度下林地土壤侵蚀面积（治理后）（单位：hm^2）

土壤侵蚀强度	合计	植被覆盖度				
		低覆盖 （<30%）	中低覆盖 （30%～<45%）	中覆盖 （45%～<60%）	中高覆盖 （60%～<75%）	高覆盖 （≥75%）
轻度	228.895 5	141.792 5	46.660 0	19.870 0	14.909 0	5.540 0
中度	50.231 7	22.920 0	12.940 0	7.150 0	3.650 0	3.620 0
强烈	42.340 0	21.590 0	9.320 0	8.590 0	2.430 0	0.450 0
极强烈	0.000 0	0.000 0	0.000 0	0.000 0	0.000 0	0.000 0
剧烈	0.000 0	0.000 0	0.000 0	0.000 0	0.000 0	0.000 0
合计	321.467 2	186.302 5	68.920 0	35.610 0	20.989 0	9.610 0

结合土壤侵蚀强度空间分布综合分析，户溪小流域治理后水土流失情况有较大改善，现有土壤侵蚀主要分布在低覆盖、坡度>15°～25°的林地和坡度>15°～25°的耕地上。

3.2.2　面源污染现状

1. 面源污染总体情况

经过治理，5 个小流域的 TN 流失量、TP 流失量均有不同程度地减少，其中：王家桥小流域改善最为明显，TN 流失量为 6.64 t/a，TP 流失量为 1.84 t/a，比治理前分别减少 74.87%、75.95%；由于北山小流域土壤侵蚀比较严重，北山小流域的面源污染流失量同样较为严重，其 TN 流失量为 59.06 t/a，TP 流失量为 18.74 t/a。

为了更直观地显示各个小流域的数据，本小节将面源污染流失量与小流域面积相除，计算得到各个小流域单位面积面源污染流失量，具体统计数据如表 3-62、图 3-24 所示。

表 3-62　治理后各小流域面源污染流失量

小流域名称	小流域面积 /km²	TN 流失量 /（t/a）	TP 流失量 /（t/a）	单位面积 TN 流失量/[t/（km²·a）]	单位面积 TP 流失量/[t/（km²·a）]
群英小流域	9.88	25.86	12.73	2.62	1.29
安民小流域	11.29	40.03	10.30	3.55	0.91
北山小流域	6.89	59.06	18.74	8.57	2.72
王家桥小流域	16.44	6.64	1.84	0.40	0.11
户溪小流域	12.98	34.18	10.06	2.63	0.78

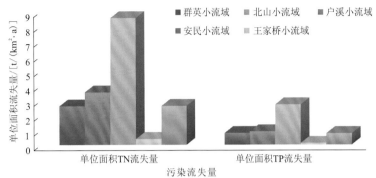

图 3-24　治理后各小流域单位面积面源污染流失量

2. 群英小流域

群英小流域治理后，全流域 TN 流失量为 25.86 t/a，TP 流失量为 12.73 t/a，其空间分布分别如图 3-25、图 3-26 所示。与治理前比较，TN 流失量、TP 流失量分别下降 4.52 t/a、1.32 t/a，减少 14.88%、9.40%。

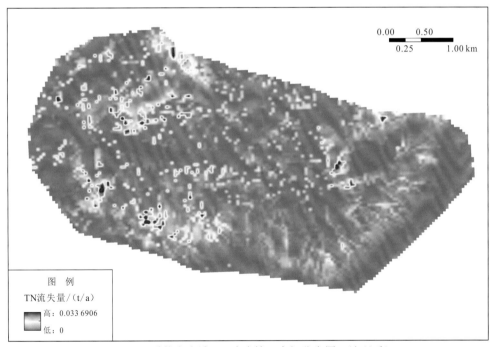

图 3-25　群英小流域 TN 流失情况空间分布图（治理后）

3. 安民小流域

安民小流域治理后，全流域 TN 流失量为 40.03 t/a，TP 流失量为 10.30 t/a，其空间分布分别如图 3-27、图 3-28 所示。与治理前比较，TN 流失量、TP 流失量分别下降 1.79 t/a、0.52 t/a，减少 4.28%、4.81%。

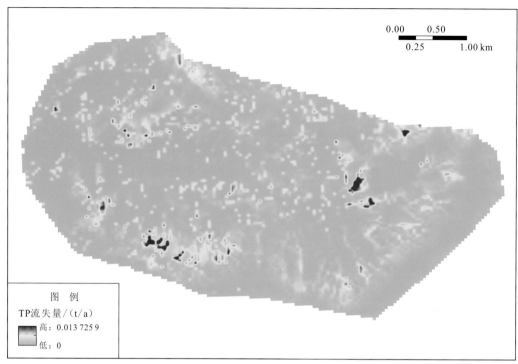

图 3-26　群英小流域 TP 流失情况空间分布图（治理后）

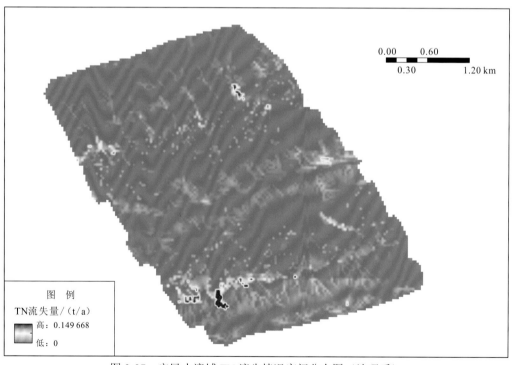

图 3-27　安民小流域 TN 流失情况空间分布图（治理后）

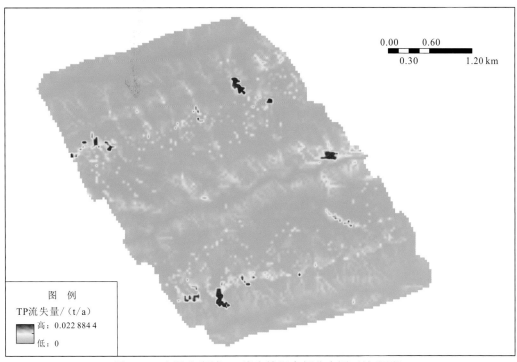

图 3-28　安民小流域 TP 流失情况空间分布图（治理后）

4. 北山小流域

北山小流域治理后，全流域 TN 流失量为 59.06 t/a，TP 流失量为 18.74 t/a，其空间分布分别如图 3-29、图 3-30 所示。与治理前比较，TN 流失量、TP 流失量分别下降1.35 t/a、0.39 t/a，减少 2.23%、2.04%。

5. 王家桥小流域

王家桥小流域治理后，全流域 TN 流失量为 6.64 t/a，TP 流失量为 1.84 t/a，其空间分布分别如图 3-31、图 3-32 所示。与治理前比较，TN 流失量、TP 流失量分别下降19.78 t/a、5.81 t/a，减少 74.87%、75.95%。

6. 户溪小流域

户溪小流域治理后，全流域 TN 流失量为 34.18 t/a，TP 流失量为 10.06 t/a，其空间分布分别如图 3-33、图 3-34 所示。与治理前比较，TN 流失量、TP 流失量分别下降11.51 t/a，3.38 t/a，减少 25.19%、25.15%。

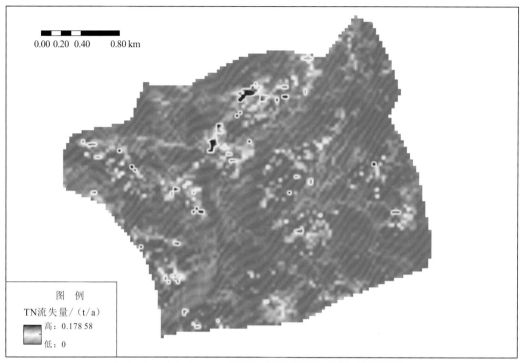

图 3-29　北山小流域 TN 流失情况空间分布图（治理后）

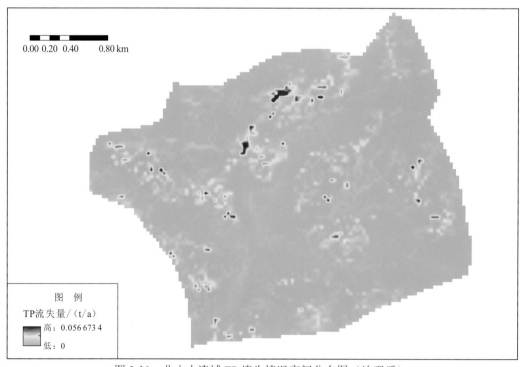

图 3-30　北山小流域 TP 流失情况空间分布图（治理后）

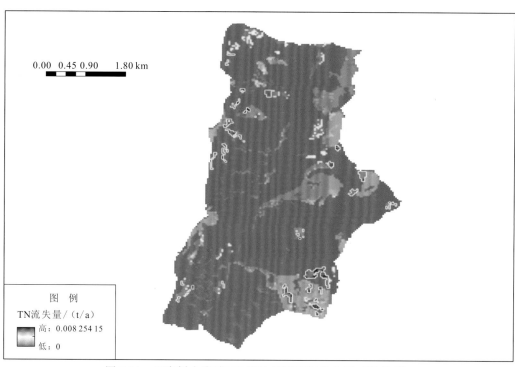

图 3-31　王家桥小流域 TN 流失情况空间分布图（治理后）

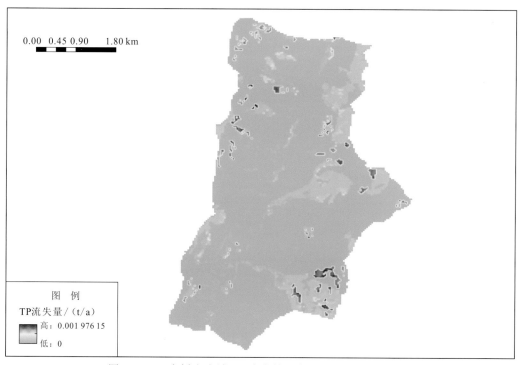

图 3-32　王家桥小流域 TP 流失情况空间分布图（治理后）

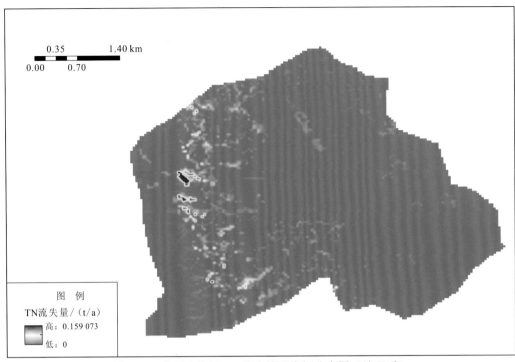

图 3-33 户溪小流域 TN 流失情况空间分布图（治理后）

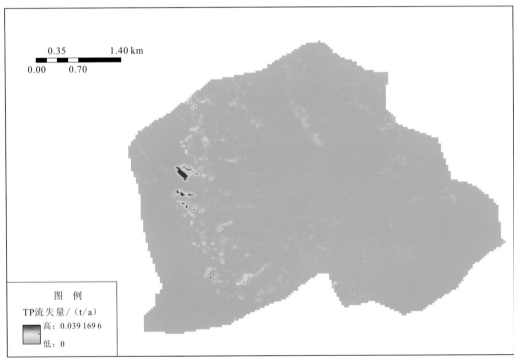

图 3-34 户溪小流域 TP 流失情况空间分布图（治理后）

3.3　本 章 小 结

（1）治理前，5 个典型小流域水土流失均较严重，水土流失率均达 50%以上，其中北山小流域土壤侵蚀最为严重，水土流失率达 85.63%，中度侵蚀及以上土壤侵蚀面积占比为 39.33%。治理前，面源污染 TN 流失量和 TP 流失量在 5 个小流域差异较明显，其中：北山小流域的面源污染流失情况最严重，其单位面积 TN 流失量达到 8.77 t/(km^2·a)，单位面积 TP 流失量达到 2.78 t/(km^2·a)；王家桥小流域由于土壤本底养分含量较低，其面源污染流失量最小。

（2）治理后，5 个典型小流域水土流失情况改善明显，水土流失率减少 8%～50%，中度侵蚀及以上的土壤侵蚀面积占小流域面积的比例为 12.77%，较治理前减少 16.26%。王家桥小流域改善最为明显；北山小流域土壤侵蚀依旧较为严重，水土流失率为 69.91%，中度侵蚀及以上土壤侵蚀面积占小流域面积的比例为 29.17%。治理后，5 个小流域的 TN 流失量、TP 流失量均有不同程度地减少，其中：王家桥小流域改善最为明显，TN 流失量为 6.64 t/a，TP 流失量为 1.84 t/a，比治理前分别减少 74.87%、75.95%；由于北山小流域土壤侵蚀比较严重，北山小流域的面源污染流失情况也较为严重，其 TN 流失量为 59.06 t/a，TP 流失量为 18.74 t/a。

第 4 章

典型小流域水土保持工程
效益评估

4.1　保土减污效益评估

根据现场调查，小流域经过治理后，通过采取坡改梯、种植经果林和水土保持林、封禁治理及配套坡面截排蓄工程等措施，水土流失情况均有不同程度的减少，生态环境均有很大改善（图 4-1、图 4-2），其主要原因是水土保持工程措施发挥了效益，人们水土保持意识有很大提升，掠夺式农业开发基本消除，生产建设活动得到了有效控制。

图 4-1　小流域整体治理效果

图 4-2　小流域综合治理主要工程措施

4.1.1　保土效益

从保土减沙量、水土流失面积、水土流失强度三个角度分析水土保持工程保土效益。通过计算水土保持工程措施实施前后的土壤侵蚀模数，分析水土保持工程措施的保土减沙效益，其计算公式为

$$\begin{cases} \Delta S_{m} = S_{mb} - S_{ma} & (4\text{-}1) \\ \Delta S = F_{e} \times \Delta S_{m} & (4\text{-}2) \end{cases}$$

式中：ΔS_{m} 为保土能力（减少侵蚀量），t/km^2；S_{mb} 为治理前侵蚀量，t/km^2；S_{ma} 为治理后侵蚀量，t/km^2；ΔS 为某项措施的减蚀总量，t；F_{e} 为某项措施的有效面积，km^2。

各小流域保土效益相关指标计算结果如表 4-1 所示，各小流域减沙总量和单位措施面积减沙量对比图如图 4-3 所示。

表 4-1　各小流域保土效益统计表

序号	小流域名称	水土流失率/%	中度侵蚀及以上水土流失面积占比/%	减沙总量/（t/a）	措施面积/km²	单位措施面积减沙量/[t（km²·a）]
1	群英小流域	14.0	3.9	2 657.21	1.15	2 310.617
2	安民小流域	8.3	4.0	543.93	0.50	1 087.860
3	北山小流域	15.6	10.0	667.47	0.35	1 907.057
4	王家桥小流域	49.6	39.7	13 766.90	4.95	2 781.192
5	户溪小流域	22.7	9.9	8 329.06	2.84	2 932.768

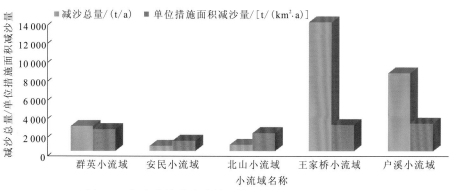

图 4-3　各小流域减沙总量和单位措施面积减沙量对比

通过表 4-1 可以得知，各小流域治理后保土减沙效益均较明显，水土流失率减少 25.0%以上，最高水土流失率为 49.6%，最低水土流失率为 8.3%；中度侵蚀及以上水土流失面积占比平均值为 13.5%，最大值为 39.7%；5 个小流域减沙总量为 25 964.57 t/a，各小流域减沙总量均在 540.00 t/a 以上，最高达 13 766.90 t/a；5 个小流域单位措施面积减沙量均在 1 000.000 t/（km²·a）以上。为进一步分析效益影响因素，需结合各小流

域工程措施分布进行空间评估。

1. 群英小流域

1）水土保持工程措施空间分布

群英小流域工程措施以水平阶和梯田为主，水平阶主要分布在小流域中部两侧坡面，梯田分布在流域两侧坡面，群英小流域水土保持工程措施空间分布如图 4-4 所示。

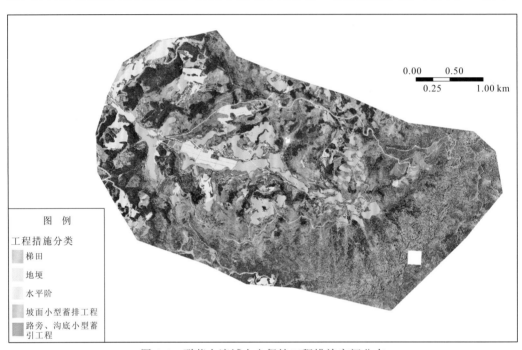

图 4-4　群英小流域水土保持工程措施空间分布

2）水土流失面积减少和强度降低

群英小流域经过治理后，水土流失总面积减少 137.67 hm²，治理后土壤侵蚀强度面积转移矩阵分析表见表 4-2。治理后剧烈侵蚀面积减少 8.60 hm²，极强烈侵蚀面积减少 35.29 hm²，中度侵蚀面积减少 52.22 hm²，轻度侵蚀面积减少 99.40 hm²，整体来看水土保持工程措施减少水土流失面积和降低土壤侵蚀强度效益明显。

表 4-2　群英小流域各土壤侵蚀强度面积转移矩阵分析表　　　　　（单位：hm²）

		治理前						合计
		微度	轻度	中度	强烈	极强烈	剧烈	（治理后）
治理后	微度	257.96	135.63	29.58	11.25	6.25	1.02	441.69
	轻度	24.51	246.81	62.88	9.27	3.90	1.16	348.53

		治理前						合计（治理后）
		微度	轻度	中度	强烈	极强烈	剧烈	
治理后	中度	4.50	18.84	26.99	22.30	10.05	0.94	83.62
	强烈	17.05	46.65	16.39	13.5	15.09	5.48	114.16
	极强烈	0.00	0.00	0.00	0.00	0.00	0.00	0.00
	剧烈	0.00	0.00	0.00	0.00	0.00	0.00	0.00
合计（治理前）		304.02	447.93	135.84	56.32	35.29	8.60	988.00
面积变化		137.67	-99.40	-52.22	57.84	-35.29	-8.60	—

注：微度侵蚀面积不计入水土流失总面积，全书同。

3）泥沙量减少

群英小流域治理后，土壤侵蚀强度大的地块数量明显减少，工程措施减沙总量为 2 657.21 t/a，单位措施面积减沙量为 2 310.617 t/（km²·a），水土保持工程措施效益明显，各措施减沙量如表 4-3 所示。

表 4-3　群英小流域各措施减沙量统计表

序号	措施类型	措施面积/km²	减沙总量/（t/a）	单位措施面积减沙量/[t/（km²·a）]	减沙贡献率/%
1	梯田	0.73	1 514.98	2 075.32	57.01
2	水平阶	0.26	829.31	3 189.65	31.21
3	地埂	0.16	312.91	1 955.72	11.78

注：三种措施类型减沙总量之和可能不等于工程措施减沙总量，是因为有些数据进行过舍入修约。

通过治理前后土壤流失量对比，群英小流域治理效果突出，尤其是梯田和水平阶措施减少泥沙效益尤为显著，梯田减沙贡献率达 57.01%，保土效益空间分布如图 4-5 所示。

2. 安民小流域

1）水土保持工程措施空间分布

安民小流域水土保持工程措施以水平阶和梯田为主，水平阶主要分布在小流域北侧坡面，梯田分布在小流域南北两侧坡面，安民小流域水土保持工程措施空间分布如图 4-6 所示。

2）水土流失面积减少和强度降低

安民小流域经过治理后，水土流失总面积减少 93.73 hm²，治理后土壤侵蚀强度面积转移矩阵分析表见表 4-4，治理后剧烈侵蚀面积减少 10.12 hm²，极强烈侵蚀面积减少 15.64 hm²，中度侵蚀面积减少 25.36 hm²，轻度侵蚀面积减少 48.82 hm²，整体来看水土保持工程措施减少水土流失面积和降低土壤侵蚀强度效益明显。

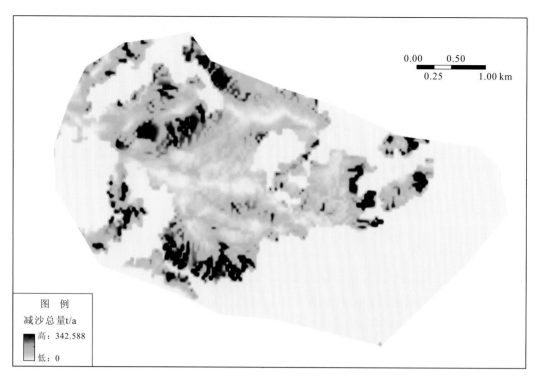

图 4-5　群英小流域保土效益空间分布

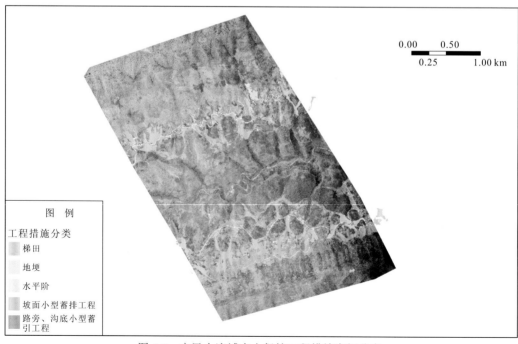

图 4-6　安民小流域水土保持工程措施空间分布

表 4-4 安民小流域各土壤侵蚀强度面积转移矩阵分析表 （单位：hm²）

		治理前						合计（治理后）
		微度	轻度	中度	强烈	极强烈	剧烈	
治理后	微度	513.18	65.29	24.33	16.98	3.36	1.94	625.08
	轻度	7.89	334.97	33.90	3.04	1.55	0.58	381.93
	中度	4.43	20.84	41.78	10.16	1.44	0.99	79.64
	强烈	5.85	9.65	4.99	5.96	9.29	6.61	42.35
	极强烈	0.00	0.00	0.00	0.00	0.00	0.00	0.00
	剧烈	0.00	0.00	0.00	0.00	0.00	0.00	0.00
合计（治理前）		531.35	430.75	105.00	36.14	15.64	10.12	1 129.00
面积变化		93.73	-48.82	-25.36	6.21	-15.64	-10.12	—

3）泥沙量减少

安民小流域治理后，土壤侵蚀强度大的地块数量明显减少，工程措施减沙总量为543.93 t/a，单位措施面积减沙量为 1 087.860 t/（km²a），水土保持工程措施效益明显，各措施减沙量如表 4-5 所示。

表 4-5 安民小流域各措施减沙量统计表

序号	措施类型	措施面积/km²	减沙总量/（t/a）	单位措施面积减沙量/[t/（km²·a）]	减沙贡献率/%
1	梯田	0.46	416.61	905.67	76.59
2	水平阶	0.02	102.31	5 115.38	18.81
3	其他	0.02	25.02	1 250.78	4.60

注：三种措施类型减沙总量之和可能不等于工程措施减沙总量，是因为有些数据进行过舍入修约。

通过治理前后土壤流失量对比，笔者发现安民小流域治理效果突出，尤其是梯田和水平阶措施减沙效益显著，水平阶单位措施面积减沙量最为突出，而梯田总体减沙贡献率为 76.59%，保土效益空间分布如图 4-7 所示。

3. 北山小流域

1）水土保持工程措施空间分布

北山小流域水土保持工程措施以梯田和水平阶为主，梯田分布面积较大，北山小流域水土保持工程措施空间分布如图 4-8 所示。

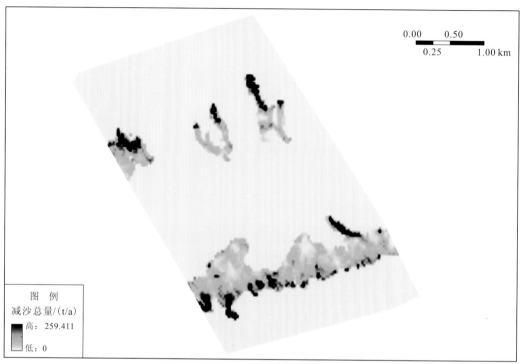

图 4-7 安民小流域保土效益空间分布

图 4-8 北山小流域水土保持工程措施空间分布

2）水土流失面积减少和强度降低

北山小流域经过治理后，水土流失总面积减少 107.51 hm²，治理后土壤侵蚀强度面积转移矩阵分析表见表 4-6，治理后剧烈侵蚀面积减少 61.03 hm²，极强烈侵蚀面积减少 65.14 hm²，中度侵蚀面积减少 10.71 hm²，轻度侵蚀面积减少 37.64 hm²，整体来看水土保持工程措施减少水土流失面积和降低土壤侵蚀强度效益明显。

表 4-6　北山小流域各土壤侵蚀强度面积转移矩阵分析表　　（单位：hm²）

		治理前						合计（治理后）
		微度	轻度	中度	强烈	极强烈	剧烈	
治理后	微度	92.23	35.28	18.34	21.46	19.73	19.99	207.03
	轻度	5.44	254.70	11.41	4.80	2.17	1.42	279.94
	中度	0.62	12.34	59.55	10.35	3.02	2.12	88.00
	强烈	1.23	15.26	9.41	9.41	40.22	37.50	113.03
	极强烈	0.00	0.00	0.00	0.00	0.00	0.00	0.00
	剧烈	0.00	0.00	0.00	0.00	0.00	0.00	0.00
合计（治理前）		99.52	317.58	98.71	46.02	65.14	61.03	688.00
面积变化		107.51	−37.64	−10.71	67.01	−65.14	−61.03	—

3）泥沙量减少

北山小流域治理后，土壤侵蚀强度大的地块数量明显减少，工程措施减沙总量为 667.47 t/a，单位措施面积减沙量为 1907.057 t/（km²·a），水土保持工程措施效益明显，各措施减沙量如表 4-7 所示。

表 4-7　北山小流域各措施减沙量统计表

序号	措施类型	措施面积/km²	减沙总量/（t/a）	单位措施面积减沙量/[t/（km²·a）]	减沙贡献率/%
1	梯田	0.31	536.71	1 731.33	80.41
2	水平阶	0.03	112.70	3 756.80	16.89
3	其他	0.01	18.05	1 805.45	2.70

注：三种措施类型减沙总量之和可能不等于工程措施减沙总量，是因为有些数据进行过舍入修约。

通过治理前后土壤流失量对比，笔者发现北山小流域治理效果显著，尤其是梯田减少泥沙效益显著，总体减沙贡献率达 80.41%，保土效益空间分布如图 4-9 所示。

4. 王家桥小流域

1）水土保持工程措施空间分布

王家桥小流域工程措施以水平阶和梯田为主，水平阶主要分布在小流域中部西侧坡面，梯田分布在小流域上游，王家桥小流域水土保持工程措施空间分布如图 4-10 所示。

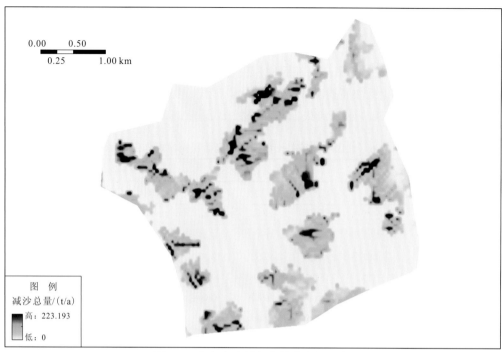

图 4-9 北山小流域保土效益空间分布

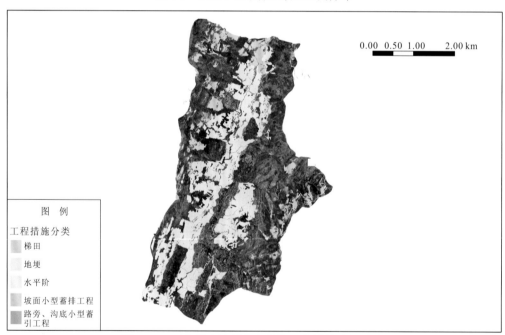

图 4-10 王家桥小流域水土保持工程措施空间分布

2）水土流失面积减少和强度降低

王家桥小流域经过治理后，水土流失总面积减少了 814.62 hm²，治理后土壤侵蚀强度面积转移矩阵分析表见表 4-8，其中剧烈侵蚀面积减少了 95.68 hm²，极强烈侵蚀面积减少 161.02 hm²，强烈侵蚀面积减少 175.92 hm²，中度侵蚀面积减少 219.49 hm²，轻度侵蚀面积减少 162.51 hm²，整体来看水土保持工程措施减少水土流失面积和降低土壤侵蚀强度效益明显。

表 4-8　王家桥小流域各土壤侵蚀强度面积转移矩阵分析表　　（单位：hm²）

| | | 治理前 | | | | | | 合计 |
		微度	轻度	中度	强烈	极强烈	剧烈	（治理后）
治理后	微度	362.35	334.53	252.16	151.24	140.41	86.20	1 326.89
	轻度	127.35	45.31	31.45	15.06	10.21	5.72	235.10
	中度	22.57	17.77	17.89	9.62	10.40	3.76	82.01
	强烈	0.00	0.00	0.00	0.00	0.00	0.00	0.00
	极强烈	0.00	0.00	0.00	0.00	0.00	0.00	0.00
	剧烈	0.00	0.00	0.00	0.00	0.00	0.00	0.00
合计（治理前）		512.27	397.61	301.50	175.92	161.02	95.68	1 644.00
面积变化		814.62	-162.51	-219.49	-175.92	-161.02	-95.68	—

3）泥沙量减少

王家桥小流域治理后，土壤侵蚀强度大的地块数量明显减少，工程措施减沙总量为 13 766.90 t/a，单位措施面积减沙量为 2 781.192 t/（km²·a），水土保持工程措施效益明显，各措施减沙量如表 4-9 所示。

表 4-9　王家桥小流域各措施减沙量统计表

序号	措施类型	措施面积/km²	减沙总量/（t/a）	单位措施面积减沙量/[t/（km²·a）]	减沙贡献率/%
1	水平阶	3.83	10 580.63	2 762.57	76.86
2	梯田	0.93	2 389.70	2 569.57	17.36
3	地埂	0.18	793.30	4 407.24	5.76
4	其他	0.01	3.26	326.46	0.02

注：四种措施类型减沙总量之和可能不等于工程措施减沙总量，是因为有些数据进行过舍入修约。

通过治理前后土壤流失量对比，笔者发现王家桥小流域治理效果显著，尤其是水平阶措施减少泥沙效益显著，总体减沙贡献率达 76.86%，保土效益空间分布如图 4-11 所示。

5. 户溪小流域

1）水土保持工程措施空间分布

户溪小流域水土保持工程措施以梯田为主，该流域治理起步时间较早，始于 20 世纪 90 年代长治工程，整体梯田分布面积较大，户溪小流域水土保持工程措施空间分布如图 4-12 所示。

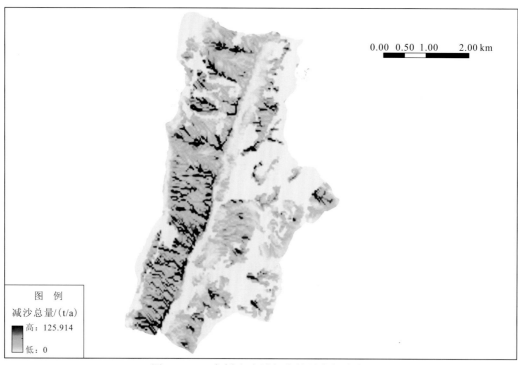

图 4-11　王家桥小流域保土效益空间分布

图 4-12　户溪小流域水土保持工程措施空间分布

2）水土流失面积减少和强度降低

户溪小流域经过治理后，水土流失总面积减少 294.87 hm²，治理后土壤侵蚀强度面积转移矩阵分析表见表 4-10，其中剧烈侵蚀面积减少 34.00 hm²，极强烈侵蚀面积减少 43.24 hm²，强烈侵蚀面积减少 5.00 hm²，中度侵蚀面积减少 46.95 hm²，轻度侵蚀面积减少 165.68 hm²，整体来看水土保持工程措施减少水土流失面积和降低土壤侵蚀强度效益明显。

表 4-10 户溪小流域各土壤侵蚀强度面积转移矩阵分析表 （单位：hm²）

		治理前						合计（治理后）
		微度	轻度	中度	强烈	极强烈	剧烈	
治理后	微度	570.01	204.83	70.07	36.91	27.11	18.33	927.26
	轻度	39.78	170.95	23.71	2.79	1.55	1.18	239.96
	中度	15.81	22.20	20.76	11.04	2.74	2.49	75.04
	强烈	6.79	7.66	7.45	10.00	11.84	12.00	55.74
	极强烈	0.00	0.00	0.00	0.00	0.00	0.00	0.00
	剧烈	0.00	0.00	0.00	0.00	0.00	0.00	0.00
合计（治理前）		632.39	405.64	121.99	60.74	43.24	34.00	1 298.00
面积变化		294.87	-165.68	-46.95	-5.00	-43.24	-34.00	—

3）泥沙量减少

户溪小流域治理后，土壤侵蚀强度大的地块数量明显减少，工程措施减沙总量为 8 329.06 t/a，单位措施面积减沙量为 2 932.768 t/（km²·a），水土保持工程措施效益明显，各措施减沙量如表 4-11 所示。

表 4-11 户溪小流域各措施减沙量统计表

序号	措施类型	措施面积/km²	减沙总量/(t/a)	单位措施面积减沙量/[t/(km²·a)]	减沙贡献率/%
1	梯田	2.750	8 264.92	3 005.43	99.23
2	水平阶	0.090	61.85	687.22	0.74
3	其他	0.001	2.29	2 290.72	0.03

通过治理前后土壤流失量对比，笔者发现户溪小流域治理效果显著，梯田措施在减少泥沙效益上尤为显著，减沙贡献率达 99.23%，该流域治理始于长治工程，且梯田工程措施在面积上占绝对优势，减沙效益分析结果与现场实际相符，保土效益空间分布如图 4-13 所示。

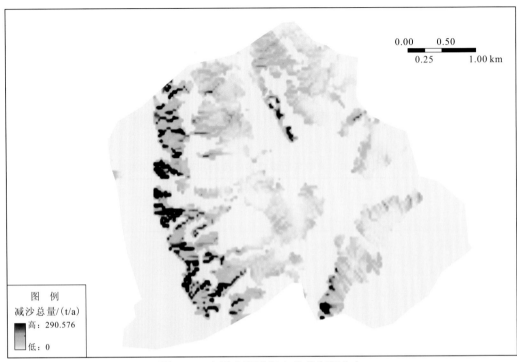

图 4-13　户溪小流域保土效益空间分布

4.1.2　减污效益

通过小流域治理前后面源污染流失量对比,5 个小流域 TN、TP 削减量达 38.95 t/a、11.42 t/a,TN、TP 平均削减量达 3.98 t/a、1.17 t/a,各小流域减污效益相关数据见表 4-12。王家桥小流域 TN 削减量最大、户溪小流域 TP 削减量最大。因各小流域措施面积较大,各小流域单位措施面积 TN、TP 削减量基本相当。对各小流域 TN、TP 减污效益进行对比,结果如图 4-14、图 4-15 所示。

表 4-12　各小流域减污效益评估

小流域名称	措施面积 /km²	TN 削减量 /(t/a)	单位措施面积 TN 削减量/[t/(km²·a)]	TP 削减量 /(t/a)	单位措施面积 TP 削减量/[t/(km²·a)]
群英小流域	1.15	4.52	3.93	1.32	1.15
安民小流域	0.50	1.79	3.58	0.52	1.04
北山小流域	0.35	1.35	3.86	0.39	1.11
王家桥小流域	4.95	19.78	4.00	5.81	1.17
户溪小流域	2.84	11.51	4.05	3.38	1.19

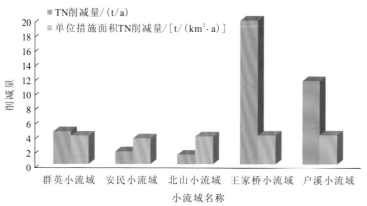

图 4-14 各小流域 TN 减污效益对比分析

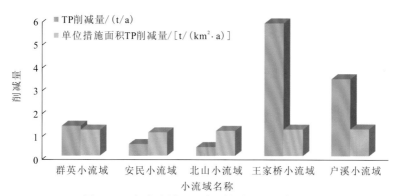

图 4-15 各小流域 TP 减污效益对比分析

1. 群英小流域

群英小流域治理后 TN、TP 削减明显，其中：工程措施 TN 削减量为 4.52 t/a，单位措施面积削减量为 3.93 t/（km²·a）；TP 削减量为 1.32 t/a，单位措施面积 TP 削减量为 1.15 t/（km²·a）。按照工程措施的类型进行分类统计，各措施减污效益相关数据如表 4-13 所示。

表 4-13 群英小流域各措施减污效益统计表

序号	措施类型	措施面积/km²	TN		TP	
			削减量 /（t/a）	单位措施面积削减量/[t/（km²·a）]	削减量 /（t/a）	单位措施面积削减量/[t/（km²·a）]
1	梯田	0.73	2.64	3.62	0.82	1.12
2	水平阶	0.26	1.27	4.88	0.44	1.69
3	地埂	0.16	0.61	3.81	0.06	0.38
	合计	1.15	4.52	3.93	1.32	1.15

从图 4-16、图 4-17 可以看出：由于群英小流域梯田措施面积较大，为 0.73 km^2，在减污总量中的贡献最大，TN、TP 减污占比分别为 58.4%、62.1%；但是水平阶单位措施面积减污效益最好，单位措施面积削减量分别为 4.88 t/（km^2·a）、1.69 t/（km^2·a）。

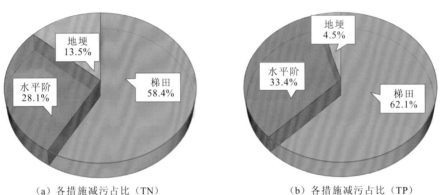

（a）各措施减污占比（TN）　　　　　　　（b）各措施减污占比（TP）

图 4-16　群英小流域各工程措施减污占比图

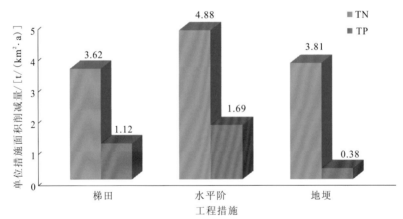

图 4-17　群英小流域各工程单位措施面积减污对比图

笔者通过治理前后的对比得出群英小流域减污效益较为明显，减污工程重点分布在土壤侵蚀强度较大的坡面，与保土效益空间分布的特征具有一定的相关性，群英小流域 TN 及 TP 减污效益空间分布如图 4-18、图 4-19 所示。

2. 安民小流域

安民小流域治理后 TN、TP 削减明显，其中：TN 削减量为 1.79 t/a，单位措施面积 TN 削减量为 3.58 t/（km^2·a）；TP 削减量为 0.52 t/a，单位措施面积 TP 削减量为 1.04 t/km^2。按照工程措施的类型进行分类统计，各措施减污效益相关数据如表 4-14 所示。

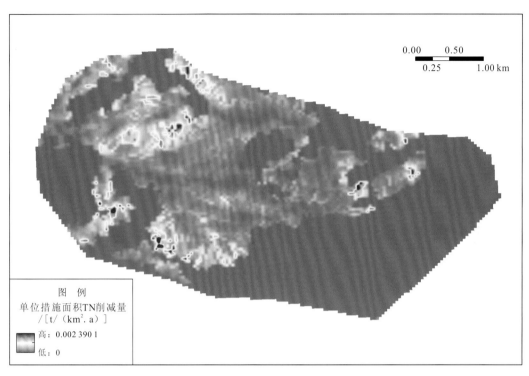

图 4-18 群英小流域 TN 减污效益空间分布

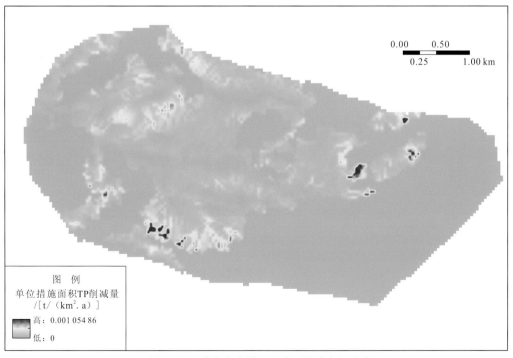

图 4-19 群英小流域 TP 减污效益空间分布

表 4-14　安民小流域各措施减污效益统计表

序号	措施类型	措施面积/km²	TN		TP	
			削减量 /（t/a）	单位措施面积削减量/[t/（km²·a）]	削减量 /（t/a）	单位措施面积削减量/[t/（km²·a）]
1	梯田	0.46	1.38	3.00	0.38	0.83
2	水平阶	0.02	0.34	17.00	0.10	5.00
3	其他	0.02	0.07	3.50	0.04	2.00
	合计	0.50	1.79	3.58	0.52	1.04

　　从图 4-20、图 4-21 可以看出：安民小流域的梯田措施面积较大，为 0.46 km²，在减污总量中的贡献最大，TN、TP 减污占比分别为 77.1%、73.1%；但是水平阶的单位措施面积减污效益最好，分别为 17.00 t/（km²·a）、5.00 t/（km²·a）。

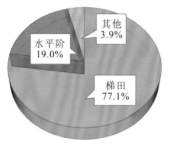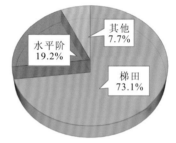

（a）各措施减污占比（TN）　　　　　　　（b）各措施减污占比（TP）

图 4-20　安民小流域各工程措施减污占比图

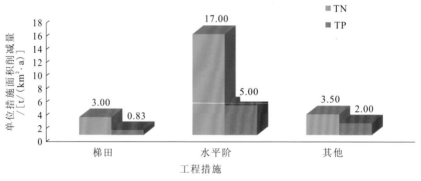

图 4-21　安民小流域各工程单位措施面积减污对比图

　　笔者通过治理前后的对比得出安民小流域减污效益较为明显，减污工程重点分布在土壤侵蚀强度较大的坡面，与保土效益空间分布的特征具有一定的相关性，安民小流域 TN 及 TP 减污效益空间分布分别如图 4-22、图 4-23 所示。

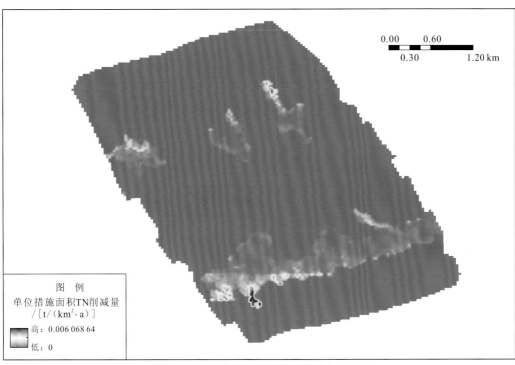

图 4-22 安民小流域 TN 减污效益空间分布

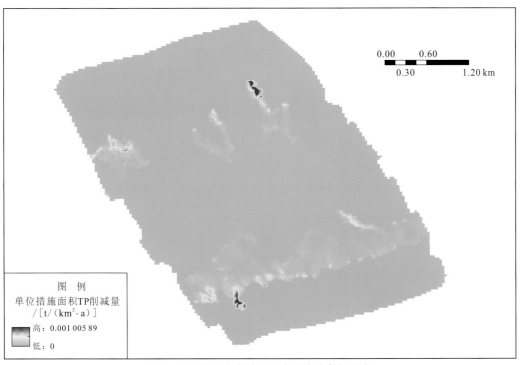

图 4-23 安民小流域 TP 减污效益空间分布

3. 北山小流域

北山小流域治理后 TN、TP 削减明显，其中：TN 削减量为 1.35 t/a，单位措施面积 TN 削减量为 3.86 t/（km²·a）；TP 削减量为 0.39 t/a，单位措施面积 TP 削减量为 1.11 t/（km²·a）。按照工程措施的类型进行分类统计，各措施减污效益相关数据如表 4-15 所示。

表 4-15　北山小流域各措施减污效益统计表

序号	措施类型	措施面积/km²	TN		TP	
			削减量 / （t/a）	单位措施面积削减量/[t/（km²·a）]	削减量 / （t/a）	单位措施面积削减量/[t/（km²·a）]
1	梯田	0.31	1.10	3.55	0.32	1.03
2	水平阶	0.03	0.22	7.33	0.06	2.00
3	其他	0.01	0.03	3.00	0.01	1.00
	合计	0.35	1.35	3.86	0.39	1.11

从图 4-24、图 4-25 可以看出：北山小流域的梯田措施面积较大，为 0.31 km²，在减污总量中的贡献最大，TN、TP 减污占比分别高达 81.5%、82.1%；但是水平阶的单位措施面积减污效益最好，TN 及 TP 单位措施面积削减量分别为 7.33 t/（km²·a），2.00 t/（km²·a），梯田与其他工程措施的减污效益差别不大。

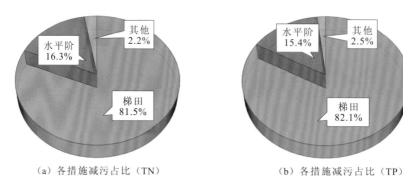

（a）各措施减污占比（TN）　　　　　　（b）各措施减污占比（TP）

图 4-24　北山小流域各工程措施减污占比图

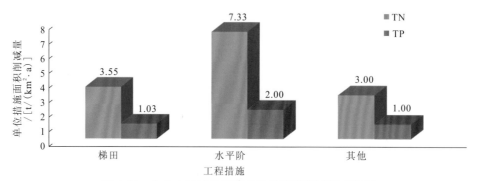

图 4-25　北山小流域各工程单位措施面积减污对比图

笔者通过治理前后的对比得出北山小流域减污效益较为明显，减污工程重点分布在土壤侵蚀强度较大的坡面，与保土效益空间分布的特征具有一定的相关性，北山小流域 TN 及 TP 减污效益空间分布分别如图 4-26、图 4-27 所示。

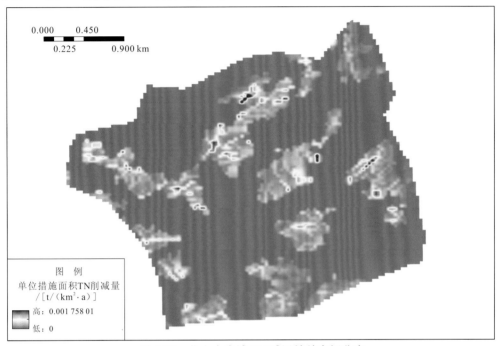

图 4-26　北山小流域 TN 减污效益空间分布

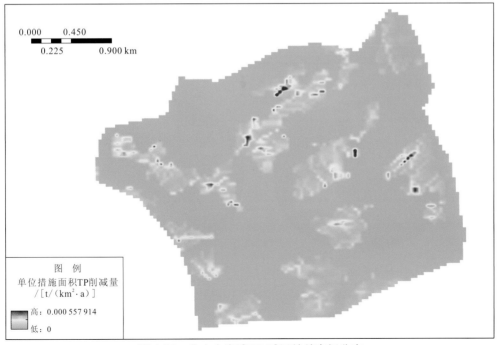

图 4-27　北山小流域 TP 减污效益空间分布

4. 王家桥小流域

王家桥小流域治理后与其他小流域相比，TN、TP 削减效果最为明显，其中：TN 削减量为 19.78 t/a，单位措施面积 TN 削减量为 4.00 t/（km²·a）；TP 削减量为 5.81 t/a，单位措施面积 TP 削减量为 1.17 t/（km²·a）。按照工程措施的类型进行分类统计，各措施减污效益相关数据如表 4-16 所示。

表 4-16　王家桥小流域各措施减污效益统计表

序号	措施类型	措施面积/km²	TN		TP	
			削减量/（t/a）	单位措施面积削减量/[t/（km²·a）]	削减量/（t/a）	单位措施面积削减量/[t/（km²·a）]
1	梯田	3.83	15.16	3.96	4.45	1.16
2	水平阶	0.93	3.40	3.66	0.99	1.06
3	地埂	0.18	1.21	6.72	0.37	2.06
4	其他	0.01	0.01	1.00	0.00	0.10
	合计	4.95	19.78	4.00	5.81	1.17

从图 4-28、图 4-29 可以看出：王家桥小流域的水平阶措施面积较大，为 0.93 km²，在减污总量中的贡献最大，TN、TP 减污占比均高达 76.6%；但是地埂的单位措施面积减污效益在四种措施中最好，TN 及 TP 单位措施面积削减量分别为 6.72 t/（km²·a）、2.06 t/（km²·a）；其次是水平阶与梯田，两者的减污效益差别不大；其他措施的减污效益在四种措施中效益最不明显。

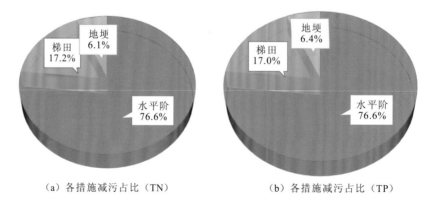

（a）各措施减污占比（TN）　　　　　（b）各措施减污占比（TP）

图 4-28　王家桥小流域各工程措施减污占比图

其他措施减污占比为 0.0%，未在图中显示；因四舍五入修约问题，图中数值之和可能不为 100.0%

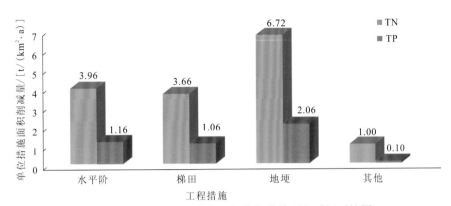

图 4-29　王家桥小流域各工程单位措施面积减污对比图

笔者通过治理前后的对比得出，王家桥小流域减污效益较为明显，减污工程重点分布在土壤侵蚀强度较大的坡面，与保土效益空间分布的特征具有一定的相关性，王家桥小流域 TN 及 TP 减污效益空间分布分别如图 4-30、图 4-31 所示。

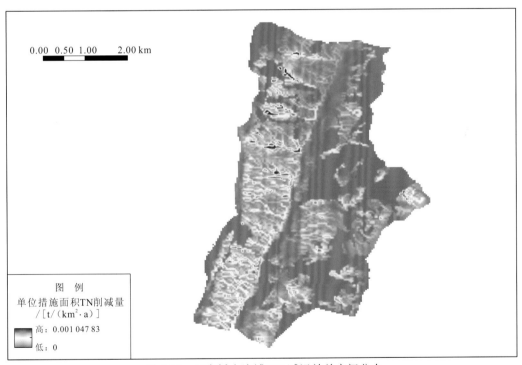

图 4-30　王家桥小流域 TN 减污效益空间分布

5. 户溪小流域

户溪小流域治理后 TN、TP 削减明显，其中：TN 削减量为 11.51 t/a，单位措施面积 TN 削减量为 4.05 t/(km²·a)；TP 削减量为 3.38 t/a，单位措施面积 TP 削减量为 1.19 t/(km²·a)。按照工程措施的类型进行分类统计，各措施减污效益相关数据如表 4-17 所示。

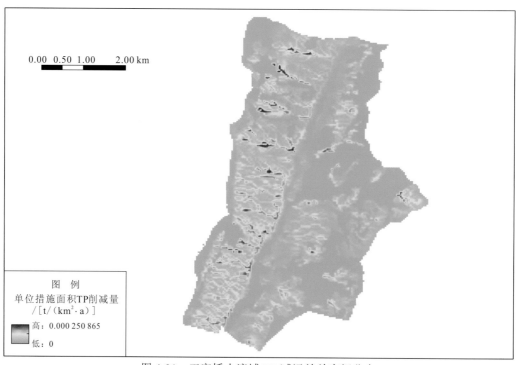

图 4-31   王家桥小流域 TP 减污效益空间分布

表 4-17   户溪小流域各措施减污效益统计表

序号	措施类型	措施面积/km²	TN			TP	
			削减量/（t/a）	单位措施面积削减量/[t/（km²·a）]		削减量/（t/a）	单位措施面积削减量/[t/（km²·a）]
1	水平阶	0.09	0.09	1.00		0.02	0.22
2	梯田	2.75	11.42	4.15		3.36	1.22
3	其他	0.00	0.00	0.70		0.00	0.20
	合计	2.84	11.51	4.05		3.38	1.19

从图 4-32、图 4-33 可以看出：户溪小流域的梯田措施面积较大，为 2.75 km²，在减污总量中的贡献最大，TN、TP 减污占比分别高达 99.2%、99.4%；梯田措施的单位措施面积减污效益最好，TN 及 TP 单位措施面积削减量分别为 4.15 t/（km²·a），1.22 t/（km²·a），水平阶的减污效益次之。

笔者通过治理前后的对比得出，户溪小流域减污效益较为明显，减污工程重点分布在土壤侵蚀强度较大的坡面，与保土效益空间分布的特征具有一定的相关性，户溪小流域 TN 及 TP 减污效益空间分布分别如图 4-34、图 4-35 所示。

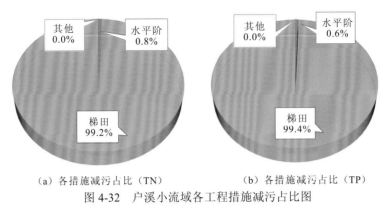

(a) 各措施减污占比（TN）　　　　　（b) 各措施减污占比（TP）

图 4-32　户溪小流域各工程措施减污占比图

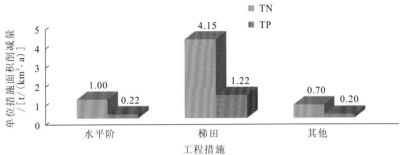

图 4-33　户溪小流域各工程单位措施面积减污对比图

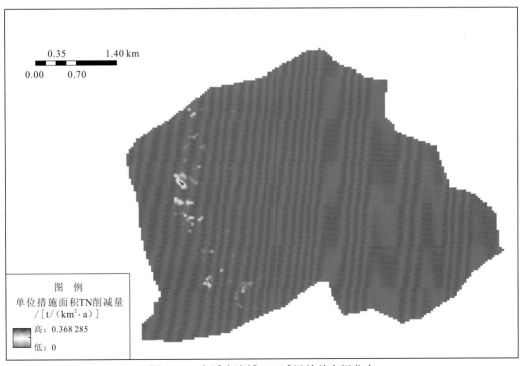

图 4-34　户溪小流域 TN 减污效益空间分布

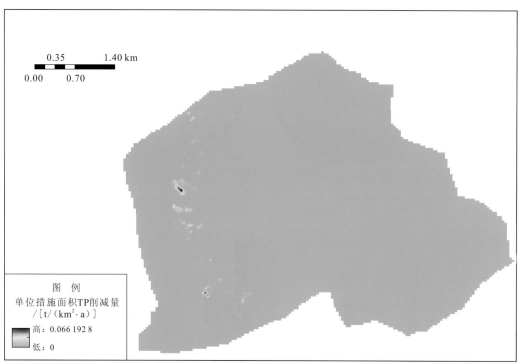

图 4-35　户溪小流域 TP 减污效益空间分布

4.2　泥沙来源分析

4.2.1　核素示踪技术

大气层中的 ^{137}Cs 随降水沉降到地面并被表层土壤颗粒吸附，且不被植物吸收或淋溶流失，^{137}Cs 是伴随土壤及泥沙颗粒的运动而移动。根据 ^{137}Cs 这一特点，可通过土壤剖面核素流失量测定土壤侵蚀速率；根据不同源地土壤和河流泥沙核素含量的对比，测定不同源地土壤的相对产沙量；根据水库、湖泊、滩地沉积泥沙剖面中核素含量的变化，测定不同深度泥沙的沉积年代。核素示踪技术示意图见图 4-36。

本书为求证流域内泥沙来源，根据流域输出泥沙的 ^{137}Cs 含量和不同源地来沙的 ^{137}Cs 含量的对比，分析求算不同源地的相对来沙量。当一个流域主要有两种泥沙来源时，可用下式进行计算：

$$C_d = C_A \times F_A \times C_B \times F_B \tag{4-3}$$

$$F_A + F_B = 1 \tag{4-4}$$

式中：C_d 为沟道淤积泥沙的 ^{137}Cs 含量，Bq/kg；C_A 为源地土壤 A 类型表层样的 ^{137}Cs 含量，Bq/kg；F_A 为源地土壤 A 类型的相对来沙量；C_B 为源地土壤 B 类型表层样的 ^{137}Cs 含量，Bq/kg；F_B 为源地土壤 B 类型的相对来沙量。

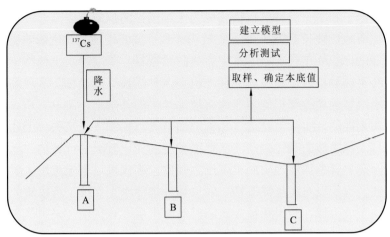

图 4-36 核素示踪技术示意图

A、B、C 均为采样点

根据地块类型，分别采用国际原子能机构推荐的土壤侵蚀核素示踪计算模型对各类型地块的土壤侵蚀强度进行计算，其中坡耕地、经果林地块采用农耕地土壤侵蚀计算模型（质量平衡模型 I，mass balance model I）计算采样点土壤侵蚀模数，经坡长加权平均求得地块土壤侵蚀模数：

$$Y = \frac{10dB}{P}\left[1 - \left(1 - \frac{X}{100}\right)^{1/(t-1963)}\right] \tag{4-5}$$

式中：Y 为年均土壤侵蚀模数，t/（hm²·a）；d 为耕层深度，m；B 为土壤容重，kg/m³；X 为土壤流失 ^{137}Cs 值与本底值的比例，%；P 为粒径校正因子，量纲为一；t 为采样年。

耕层深度根据采集的农耕地 ^{137}Cs 剖面深度分布数据确定为 15 cm，土壤容重实测值为 1.13 kg/m³。

林地采用非农耕地土壤侵蚀计算模型：

$$Y = \frac{10}{(t-1963)P}\ln\left(1 - \frac{X}{100}\right)h_0 \tag{4-6}$$

式中：X 为土壤流失 ^{137}Cs 值与本底值的比例，%；h_0 为非农耕地 ^{137}Cs 深度分布曲线形态系数，kg/m²。

4.2.2 样品采集及测试

1. 试验点分析

鉴于王家桥小流域具有水文卡口站，且开展了连续多年观测，小流域土地利用基本固定，因此，本书以该流域为试验点，对泥沙来源进行求证分析。

降雨侵蚀力、坡度、坡长、土壤抗蚀性、植被覆盖和水土保持工程措施是坡面土壤侵蚀强度的主要影响因素，但在局部区域降雨侵蚀力、土壤、植被因素较为一致的前提下，地形因子和水土保持工程措施成为土壤侵蚀的控制性因素。经实地踏勘，王家桥小流域坡面地块坡长多为 3～8 m，较为一致，坡面侵蚀受坡度影响更为明显。王家桥小流域 20 世纪 90 年代实施了水土流失防治项目，采取的水土保持工程措施主要为坡改梯和经果林种植等，建设成的梯地也多改种柑橘等经果林。从现场实施的情况看，王家桥小流域的坡改梯措施多在原有坡地地块的基础上，建设石质、土质平缓地面坡度，基本无地埂，实质上是通过降低地面坡度以控制土壤流失。因此，王家桥小流域水土保持工程措施的减蚀效益应从地面坡度的变化着眼进行评估。通过 ^{137}Cs 核素示踪法实际测算典型坡度地块的土壤侵蚀强度，不仅可以用于流域主要产沙源地的产沙贡献评估，也可以对实施坡改梯、经果林种植等水土保持工程措施的减蚀效益进行评价。但由于坡改梯、经果林措施实施时对原土层多有扰动，采用 ^{137}Cs 核素示踪法直接测定坡改梯、经果林地块土壤侵蚀强度不准确，可以采用在流域内选择坡度相似的长期稳定地块开展土壤侵蚀强度 ^{137}Cs 核素示踪法评估。

2. 样品采集

2021 年 7 月，项目组在王家桥小流域开展坡面土壤样品采集工作，根据小流域内主要土地利用类型和水土保持工程措施的空间分布特征，在不同高程带、不同种植类型、分别采集典型耕地、坡耕地、林地地块的土壤样品，共采集土壤全剖面样品 119 个，剖面分层样品 45 个（表 4-18）。

表 4-18　^{137}Cs 样品采集情况

地块编号	土地利用	坡度/(°)	坡长/m	土壤类型	采样方式及备注
1#	耕地	0	9.0	紫色土	平行线取样，全剖面样+剖面分层样
2#	坡耕地	5	4.0	紫色土	平行线取样，全剖面样+剖面分层样
3#	坡耕地	16	4.2	紫色土	平行线取样，全剖面样+剖面分层样
4#	坡耕地	10	4.0	紫色土	平行线取样，全剖面样+剖面分层样
5#	林地	32	—	紫色土	点状采样，全剖面样+剖面分层样
6#	林地	28	—	紫色土	点状采样，全剖面样
7#	林地	25	—	黄壤	点状采样，全剖面样+剖面分层样
8#	耕地	0	—	紫色土	网格采样，全剖面样+剖面分层样，本底值地块

3. 样品 ^{137}Cs 比活度测试

全部样品经风干后称重，研磨过 2 mm 筛，称重装盒送测。样品 ^{137}Cs 比活度测试在中国科学院、水利部成都山地灾害与环境研究所 γ 能谱实验室进行，采用 HPGe 多道 γ 能谱仪测定。仪器相对探测效率为 40%，峰康比为 58:1，^{137}Cs 探测下限为 0.77 Bq/kg，测样质量为 400 g，测试时间 ≥25 000 s，根据 662 keV 特征谱峰面积求算 ^{137}Cs 比活度，测试误差 ±5%（可信度 95%）。

4.2.3　坡面产沙来源

1. 本底值

本书在王家桥小流域一处孤丘顶部台坪地采集 ^{137}Cs 本底值样品共计 10 个，表 4-19 显示，^{137}Cs 面积活度介于 729.77～1 031.90 Bq/m^2，平均值为 844.36 Bq/m^2。据文安邦等（2001）在重庆市开州区采得的 ^{137}Cs 面积活度本底值为 1 005.68 Bq/m^2，与本书研究的 ^{137}Cs 面积活度平均值相差 16.04%，本书采用平均值 844.36 Bq/m^2 为该流域 ^{137}Cs 面积活度本底值。

表 4-19　王家桥本底值样品 ^{137}Cs 活度

本底值采样点序号	样品类型	比活度/(Bq/kg)	面积活度/(Bq/m^2)
1	全剖面样	3.240	746.23
2		3.440	792.29
3		3.377	777.79
4		3.420	787.73
5		3.169	729.77
6		3.500	806.07
7		3.811	877.80
8		4.252	979.24
9		4.480	1 031.90
10		3.972	914.79
平均值		—	844.36

2. 坡面 ^{137}Cs 分布特征

1）农地 ^{137}Cs 分布特征

作为土壤颗粒迁移的良好示踪剂，^{137}Cs 沿坡面线的变化充分呈现了土壤颗粒随径流侵蚀搬运而分布的现象。1#～4#地块为农地坡面，各地块 ^{137}Cs 顺坡分布如图 4-37 所示，1#地块坡长为 9 m，坡度近 0°，^{137}Cs 面积活度介于 497.12～1 043.50 Bq/m^2，多点 ^{137}Cs 面积活度接近本底值，表明侵蚀轻微，坡长 4.5 m、6.9 m 处 ^{137}Cs 面积活度高于本底值，表明发生堆积，坡顶和坡脚表现明显侵蚀；2#地块坡长为 4 m，坡度为 5°，^{137}Cs 面积活度介于 493.79～553.92 Bq/m^2，各点均处于侵蚀状态；3#地块坡度为 16°，坡长为 4.2 m，各点 ^{137}Cs 面积活度介于 84.89～289.33 Bq/m^2，4 个地块中该地

块 ^{137}Cs 面积活度最低，表明侵蚀最为强烈；4#地块坡度为 10°，坡长为 4 m，^{137}Cs 面积活度介于 154.12～558.60 Bq/m^2。各地块坡脚 ^{137}Cs 面积活度均低于 ^{137}Cs 面积活度本底值，原因是地块坡脚无地埂，坡面径流挟带侵蚀泥沙直接输出地块，因此无泥沙堆积，呈现出土壤侵蚀状态。

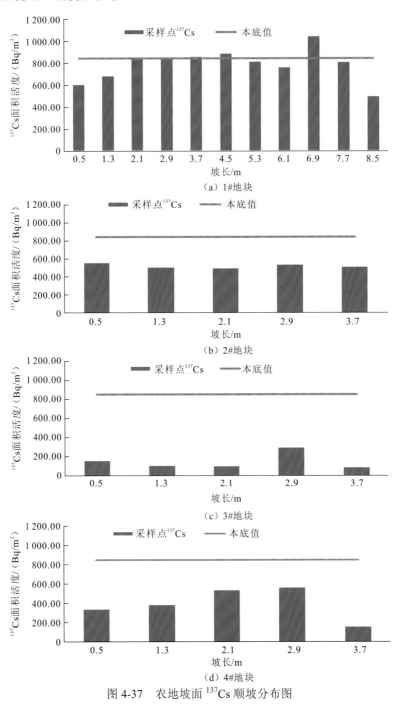

图 4-37　农地坡面 ^{137}Cs 顺坡分布图

2）林地 ^{137}Cs 分布特征

5#~7#采样点为林地地块，王家桥小流域林地多分布于坡度>25°的坡地，土层薄，多裸岩出露，因此采用点状取样法采集林地土壤样品。表 4-20 显示，3 个采样点 ^{137}Cs 面积活度介于 709.60~830.23 Bq/m^2，平均值为 785.08 Bq/m^2。

表 4-20 王家桥小流域林地 ^{137}Cs 分布特征

编号	地块类型	坡度/（°）	土壤类型	^{137}Cs 面积活度/（Bq/m^2）
5#	林地	32	紫色土	815.40
6#	林地	28	紫色土	709.60
7#	林地	25	黄壤	830.23

3. 坡面土壤侵蚀强度

表 4-21 显示，7 处地块的平均土壤侵蚀模数介于 40.12~4 788.40 t/（km^2·a），坡度为 16°的坡耕地平均土壤侵蚀模数最高，为 4 788.40 t/（km^2·a）；坡度为 25°的林地平均土壤侵蚀模数最低，为 40.12 t/（km^2·a）；坡度近 0°的坡耕地平均土壤侵蚀模数为 222.45 t/（km^2·a），表明坡耕地仍有局部侵蚀发生。林地的平均土壤侵蚀模数为 40.12~213.65 t/（km^2·a），平均值为 117.37 t/（km^2·a），远小于坡耕地。

表 4-21 ^{137}Cs 土壤侵蚀模数计算结果

编号	地块类型	坡度/（°）	坡长/m	土壤类型	平均土壤侵蚀模数/[t/（km^2·a）]
1#	坡耕地	0	9.0	紫色土	222.45
2#	坡耕地	5	4.0	紫色土	1 263.20
3#	坡耕地	16	4.2	紫色土	4 788.40
4#	坡耕地	10	4.0	紫色土	2 218.00
5#	林地	32	—	紫色土	98.34
6#	林地	28	—	紫色土	213.65
7#	林地	25	—	黄壤	40.12

4. 主要产沙源地贡献分析

王家桥小流域的侵蚀来自 3 类主要的土地利用类型：林地、坡耕地、果园。根据 ^{137}Cs 核素示踪法获取的各种主要产沙源地典型地块土壤侵蚀模数，结合流域土地利用、地块坡度分布，土壤养分背景值和富集度可以估算全流域年均产沙量，通过与流域出口处监测的年均数据对比分析，获取各类主要产沙源地的相对产沙贡献。

经计算，林地、果园、坡耕地的年均产沙量和产沙贡献率等数据如表 4-22 所示。单位面积产沙量：坡耕地>果园>林地，坡耕地土壤侵蚀强度最大，林地最低，但由于该流域内林地和果园面积较大,面积占比较高,因此产沙贡献率:果园>林地>坡耕地,产沙贡献率分别为 34.28%、24.34%和 22.82%。

表 4-22　主要产沙源地产沙贡献

主要产沙源地类型	面积/hm²	面积占比[①]/%	年均产沙量/t	产沙贡献率/%	单位面积产沙量/[t/（hm²·a）]
林地	848.00	50.76	995.30	24.34	1.174
果园	630.29	37.73	1 402.08	34.28	2.224
坡耕地	73.90	4.42	933.42	22.82	12.631

注：①某产沙源地的面积与整个小流域产沙源地总面积的比值。

5. 水土保持工程措施减沙效益评估

根据水土保持工程措施效益评估技术路线,以坡度为 0°、5° 的地块土壤侵蚀模数作为王家桥小流域坡改梯、经果林水土保持工程措施的土壤侵蚀模数代表值,通过对比 10°、15° 坡耕地分别实施坡改梯、经果林种植前后的土壤侵蚀模数差异,评估王家桥小流域水土保持工程措施的减沙效益。

10°、15° 坡耕地实施坡改梯、经果林水土保持工程措施后的减沙效益对比情况如表 4-23 所示。10° 坡耕地实施坡改梯、经果林水土保持工程措施后的减沙率分别为 89.97%和 43.05%;15° 坡耕地实施坡改梯、经果林水土保持工程措施后的减沙率分别为 95.35%和 73.62%。

表 4-23　水土保持工程措施减沙效益对比

实施前		实施后			
坡耕地	土壤侵蚀模数/[t/（km²·a）]	坡改梯		经果林	
		土壤侵蚀模数/[t/（km²·a）]	减沙率/%	土壤侵蚀模数/[t/（km²·a）]	减沙率/%
10°坡耕地	2 218.00	222.45	89.97	1 263.20	43.05
15°坡耕地	4 788.40	222.45	95.35	1 263.20	73.62

4.3　本章小结

（1）小流域通过水土保持综合治理后,水土流失面积及土壤侵蚀强度显著减少,生态环境均有很大改善,水土保持工程措施的效益明显。5 个小流域水土流失面积平均减少 25.0%以上,最高水土流失率为 49.6%;减沙总量 540.00 t/a 以上,最高达 13 766.90 t/a,单位措施面积减沙量在 1 000.000 t/（km²·a）以上;TN、TP 削减量达 38.95 t/a、11.42 t/a,TN、TP 平均削减量达 3.98 t/a、1.67 t/a。

（2）泥沙来源求证分析显示,王家桥小流域单位面积产沙量:坡耕地>果园>林地,坡耕地泥沙贡献最大,其次是果园。

第 5 章

典型小流域水土保持工程效益空间分析

5.1　水土保持基础管理单元划分

5.1.1　汇水单元提取

本书采用 GIS 水文分析方法，基于高精度 DEM 提取小流域地形特征，方法过程可以归纳为 6 个环节：地形预处理、流向分析、汇流分析、水系提取与分级、子流域划分、汇水单元划分。

基于无人机航飞得到的高精度 DEM，笔者对 DEM 数据进行填注处理后，采用 D8 算法提取水流方向。根据水流由高向低流动的自然规律，以 DEM 每个网格为一个单位的水量，根据水流方向数据计算每处所流过的水量数值，从而得到该区域的汇流累积量。在前一步基础上，规定栅格携带水流量为栅格的汇流累积量，当水流量大于某一临界值时，就会形成水流，将水流形成的网络定义为河网。将栅格河网数据转化为矢量数据，并利用河网切割集水区得到汇水单元划分数据，具体技术路线如图 5-1 所示。

1. DEM 预处理

地形预处理是对实际地形在应用过程中的矫正。原始的 DEM 数据都会有洼地和平地，而洼地和平地的存在，会导致提取的水系出现断裂和水流方向错误的现象，造成所提取的流域特征与实际情况不符合，因此对原始 DEM 地形预处理是流域特征提取的前提，也是流域提取与流域水文网络正确建立的可靠保证。

1）虚拟洼地填充

洼地是指 DEM 中的凹陷区域，即高程值低于其周围区域，DEM 的洼地根据形成原因分成真实洼地和"虚拟洼地"，前者是真实存在的地形，如喀斯特地貌，真实洼地是不需要填充的；后者则是 DEM 内插和栅格精度因人为失误而形成的"伪地形"，因此需要在地形预处理阶段对"伪地形"进行填充处理。

在洼地处理中，广泛使用的是 Jenson 等（1988）提出的垫高填平处理方法，该方法对于高程值低于周围区域的洼地，其处理方法是将洼地所在栅格的高程值垫高，使其等于至少一个相邻栅格的高程值。

2）平地抬升

平地在 DEM 中指的是局部没有高程差的连续区域，由于 DEM 水平和垂直分辨率有限，对微小的地表起伏难以表达，DEM 数据中不可避免地出现平地。此外，对于洼地的填充处理也会导致平地的出现。

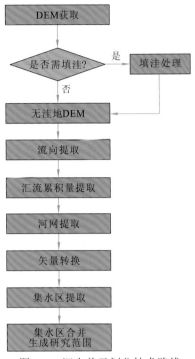

图 5-1 汇水单元划分技术路线

Martz 等（1992）提出高程增量叠加方法是最常用的平地抬升方法，其基本原理是将DEM 栅格数据从上到下、从左到右扫描，对于没有高程差的栅格点，增加不同的高程增量（如 DEM 垂直分辨率的十分之一或千分之一），将平地转为微坡面地。

一般情况下，DEM 中所有洼地都按照虚拟洼地来处理，其基本处理思路为：将待填洼单元格有效水流方向的 8 个栅格的高程进行对比，将其中的最低高程作为填洼后的高程，填洼处理效果见图 5-2。

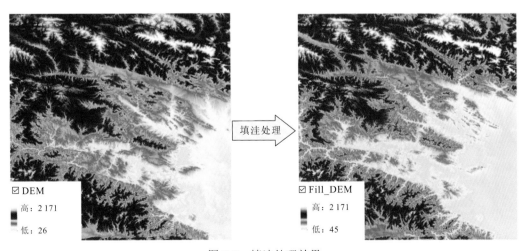

图 5-2 填洼处理效果

2. 流向提取

水流方向是指水流离开每个栅格时的指向，它能反映流域空间范围内地表径流的路径和流量分配，其判定方法是根据 DEM 数据划分的 3×3 网格进行方向编码，通过串联流域内每个栅格单元水流方向，确定整个流域河流的流向。流向提取方法根据栅格单元中的水流分配方式可以分为单流向法和多流向法。通过串联流域内每个栅格单元水流方向，即可确定整个流域河流的流向。

单流向法（single flow direction algorithm，SFDA）模拟水流的基本思想是当栅格单元的水向周围流动时，水流全部只流入到高程最低的网格。单流向法包括 D8 算法，Rho4/Rho8 算法，LEA 算法，DEMON 算法等。D8 算法是认可度最高的流向判断方法，D8 算法假定每个栅格单元只有 8 种可能的流向，且每个栅格的水流流向是由最陡坡降法确定，通过计算中心栅格单元和相邻 8 个栅格单元间的距离权落差，具有最大距离权落差值的栅格即为中心栅格的水流流向栅格。

D8 算法是假定雨水降落在地形中某一个格子上，该格子的水将会流向周围 8 个格子地形中最低的格子内。如果多个像元格子的最大下降方向都相同，则会扩大相邻像元范围，直到找出最陡下降方向为止，D8 算法具体流程见图 5-3。

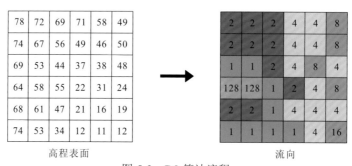

图 5-3　D8 算法流程

3. 流向和汇流累积量计算

汇流分析的主要目的是确定流路。在地表径流模拟过程中，汇流累积量是基于最陡坡降法确定的水流方向数据计算而来的。汇流累积量可以由汇流累积矩阵来表示，其基本思路是：DEM 的每个栅格单元有一个单位的水量，计算每个栅格单元流经的水量（上游所有栅格的总数）。流域内栅格单元的汇流数值反映了水流汇聚能力的强弱，数值越大，代表流向该栅格的水流越多，流域越容易生成地表径流，流向法汇流累积量计算示意图见图 5-4。

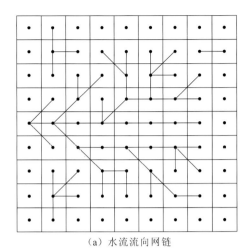

1	4	1	1	1	1	1	1	1
1	3	1	1	1	1	1	1	2
1	1	1	1	3	4	1	1	1
1	1	3	1	12	8	3	1	1
42	39	19	18	4	3	2	1	1
1	1	16	11	10	5	4	1	1
1	1	1	4	2	4	1	1	1
1	3	1	1	1	1	2	1	1
1	4	1	1	1	1	1	1	1

　　　　（a）水流流向网链　　　　　　　　　　　　（b）汇流累积矩阵

图 5-4　流向法汇流累积量计算示意图

　　DEM 水流方向提取结果如图 5-5 所示。根据水流由高处向低处流的自然规律，以规则网格表示的数字地面高程模型点作为一个单位的水量，根据区域地形水流方向数据计算每点所流过的水量数值，从而得到该区域的汇流累积量。

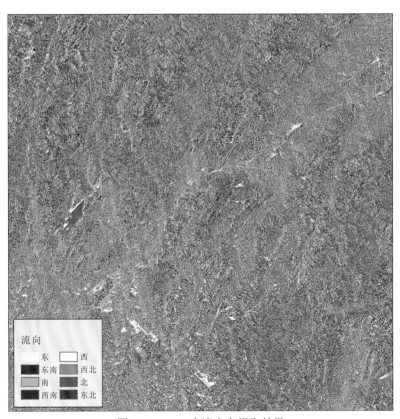

图 5-5　DEM 水流方向提取结果

4. 河网提取

1）水系提取

河流的提取是流域特征提取的重要环节，也是水文网络构建的基础。栅格单元的汇流累积数值越大，越容易形成水系，通过设定一个合适的集水面积阈值，大于集水面积阈值的栅格被定义为水系，等于集水面积阈值的栅格则被定义为河源。因此，在汇流栅格中，对水系的提取就是要提取所有不小于给定的集水面积阈值栅格，而小于给定阈值的栅格单元则被认为无法形成地表径流。

根据给定的阈值，在汇流累积矩阵的基础上，将大于等于给定阈值的栅格单元记为1，小于给定阈值的栅格单元标记为0，生成河流栅格矩阵；当给定阈值为5时，生成河流栅格矩阵。

2）水系分级

水文分析最常采用的分级方法是斯特拉勒（Strahler）分级法和施里夫（Shreve）分级法。Strahler分级法基本思想是将河网中没有其他支流汇入的河流作为一级河流，两条一级河流汇入的河流作为二级河流，两条二级河流汇入的河流作为三级河流，以此类推，直到河流的出水口处。只有相同级别的河流汇入的河流才有级别的增加，而不同级别的河流汇入的河流，级别不会改变。Shreve分级法对一级河流的定义与Strahler分级法一致，但其他河流级别为汇入河段的河流级别之和。

将所有汇流累积量大于最小集水阈值的栅格提取出来的网络就是河网，其基本思路是：在前一步操作的基础上，规定栅格携带水流量为栅格的汇流累积量，当水流量大于某一临界值时，就会形成水流，由水流形成的网络，定义为河网，河网提取示意图见图5-6。

5. 集水区提取

分水岭实际上就是水文学上的分水线围闭而成的面，引申出来的就是集水区、流域。分水岭是可以嵌套的，例如大的分水岭嵌套若干个小分水岭，也就是大流域里面包含了若干个小流域。

流域又称集水区域，是指流经其中的水流和其他物质从一个公共的出水口排出，从而形成一个集中的排水区域。流域的划分首先要确定流域的出水口位置，然后根据水流方向矩阵计算出在给定集水面积阈值控制条件下，流入该出水口的所有上游集水栅格，即为子流域。

从汇流分析到河网的提取，需要选取合理的集水面积阈值。理论上阈值选取得越小，水系提取越密集，但实际上不是越详细的河网越好，河网提取越详细，有些细小的河流越会显示出来，在大范围地模拟整体河网分布时会造成数据量太大，所花费的

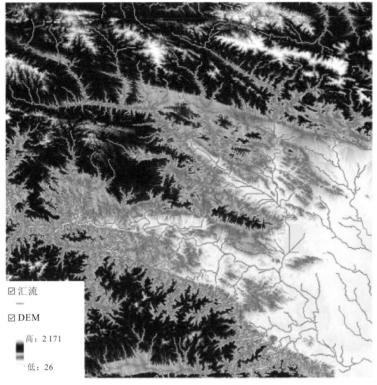

图 5-6　河网提取示意图

时间太多，分析不全面。反之，越简略的河网虽然能够显示出河网的整体分布，在宏观分析上有很大优势，但缺少细节河流的显示会使在研究小范围的河流时出现数据不足的情况，因此集水面积阈值是决定河网提取精度的关键参数。

最早的集水面积阈值确定方法是依靠个人经验主观地选取阈值来提取大致河网，这种对于集水面积阈值的确定，带有很强的主观性，因此，水文工作者都在尽可能找出河网与流域的其他要素之间的规律来推求阈值，以期河网的提取更加具有客观性。目前集水面积阈值的确定主要有河道平均坡降法、河网密度法、流域宽度分布法、水系分形法。

本书选用的是水系分形法，在自然界中存在着很多分形现象，而流域形态就是其中的一种，弯曲的河道和各种形状的分支河网水系等都是分形的表现形式。20 世纪 80 年代分形理论开始应用于水文学，分形理论主要是对流域形态特征进行研究，描述分形集合的复杂性、不规则性特征的分形维数逐渐被用来表征水系的网络结构特征。

水系分形法认为水系是一种典型的分形结构，并且在水系的分维数与集水区面积阈值进行对数拟合中，发现两者存在着非常好的相关性，因此可以通过计算水系的分维数来确定集水面积阈值，集水区提取结果见图 5-7。采用水系分形法推求阈值的具体步骤是：①确定集水面积阈值的范围，提取不同阈值下的水系；②采用盒维数法覆盖不同阈值条件下的河网，统计格网的边长和覆盖格网数量，分别计算其边长对数和格网对数；③对格网边长对数和覆盖格网数量对数进行直线拟合，计算直线斜率，即分维数；④将不同阈值下的分维数与实际水系的分维数对比，确定最接近的分维数及所对应的阈值。

图 5-7　集水区提取结果

5.1.2　沟道划分

沟缘线作为沟间地和沟谷地的分界线，是切沟、冲沟最为发育的部位，沟缘线直接划分出坡面侵蚀区和沟道侵蚀区，可直观地体现地貌的侵蚀差异性。沟缘线的动态变化能够充分反映沟道长度的变化、沟谷面积的变化，研究其空间分布及变化特征有助于全面分析地貌演变情况和衡量地表侵蚀状况，进而反映出土壤侵蚀的变化状况。

传统沟缘线提取方法主要是利用地形图或遥感影像为底图，采取人工目视勾绘方式进行，该方式受人为因素影响多、工作量大。随着地理信息技术的发展，基于栅格DEM数据自动提取沟缘线技术成为学术界研究热点之一。目前，基于栅格DEM数据自动提取地貌技术的思路，主要是从水文学和地貌形态学角度出发，基于地貌形态学基本特征单元提出沟缘线提取方法，利用数字高程模型单元衍生的坡度、坡向、剖面曲率，汇流路径、汇水区域和沟壑分布等地貌特征信息，建立地貌实体形态组合，判断其阈值提取规则，实现沟缘线空间分布识别。从目前已有的研究结果来看，该类型方法过于依赖区域特点，参数本身的有效性和适用性及窗口的大小均会对提取结果产生重要影响，且容易出现连续性较差的问题，使得后处理工作量大，因此基于此基础的沟缘线自动提取技术还需进一步改进。综合前人研究方法中存在的问题，本书以地表形态空间分异自然规律为有效切入点，运用地形空间形态特征分析方法，兼顾不同尺度的地貌识别特征，提出一种综合地貌特征和深度纹理信息的沟缘线自动提取方法，该方法通过面向对象多尺度分类的方式可有效改善沟缘线识别的适用性与精度，避免地貌像元的孤岛现象，保证提取结果的精度与效率。

面向对象的遥感分类方法核心技术是影像分割和特征分类算法，可克服传统的基于像元分类难以利用空间位置信息的缺陷，分类过程更符合人类的思维习惯，遵循地学意义鲜明、特征表现明显、计算方法简约、求解模式固定的基本方针，通过定量和定性、解析和综合、表象和机理等多重视角构建量化指标体系。由于地形量化因子复杂，人们有必要从不同的指标中选取适合于沟道划分的最佳组合指标，将 N 个量化因子作为"多波段"的"影像"特征空间的不同维度。

5.1.3　基础管理单元

基础管理单元划分的主要思路是：首先基于无人机航片制作流域精细 DEM；再以此为基础划分小流域单元和大地貌单元；最后解译出微地貌单元和土地利用类型，并叠加微流域、沟缘线、土壤类型、植被覆盖度、综合治理措施等图层划分出斑块单元。

由于水土保持基础单元的综合性强，基于划分指标确定斑块边界线需要科学的分析方法，以提高划分的精确性和高效性。由于参与划分的指标均为面状和线状矢量数据，水土保持基础单元斑块划分时按照从共有界线到特有界线划分。笔者通过文献综合分析，采用空间叠置分析法进行斑块划分，以地理空间分异或地物的光谱特征为基础，在最小成图面积的控制下，对水土保持基础单元进行划分，并通过精度和合理性分析，为大范围的水土保持基础单元划分提供参考。

空间叠置分析法是一种常用的地理信息分析方法，其原理是将具有相同数据基础、同一区域的不同专题地理信息空间数据进行叠加分析，按照各专题地理信息的空间边界进行重新分割、重新拓扑分析，生成新的专题信息图层，并将各原专题信息中属性信息按照重新分割后的图形单元进行赋值。空间叠置后新的专题信息图层具有原各专题信息的边界与属性信息。

1. 空间叠置分析法

空间叠置分析法主要包括多边形与多边形的叠置、线与多边形的叠置及点与多边形的叠置三种类型。从水土保持基础单元划分指标组成来看，其划分主要涉及多边形与多边形叠置。多边形与多边形叠置是三种空间叠置中最复杂的形式，技术实现方式主要包括三个环节：①叠置相交分割运算，即将两个或两个以上的多边形图层的边界进行相交和分割计算，形成分割后的线性弧段；②拓扑关系计算，按照分割后的线性弧段进行拓扑关系计算，形成新的多边形数据图层；③新属性表建立，将原多边形的属性信息，按照分割后的多边形空间对应赋值，形成新的多边形属性数据。

2. 拓扑关系判断

拓扑关系是指空间对象或要素之间的相邻、邻接、关联和包含等空间关系，是一种非空间度量和方向的关系。基于拓扑关系可以实现空间对象之间的关联查询、分析等。目前常见的空间拓扑学理论主要有点集拓扑学、代数拓扑学和图论等，实践操作中主要通过地理信息系统相应的拓扑功能来实现。

3. 图斑综合

在对各专题指标数据进行空间叠置分析后，由于不同指标数据边界不重合致使空间叠置后产生大量琐碎图斑，参与叠置分析计算的图层越多，生成的琐碎图斑越多，这其中许多琐碎图斑都是不必要的，需要进行合并或消除，保留具有空间意义的单元。

本书基于空间叠置的原理，采用土地利用、地貌、土壤、小流域、沟缘线等图层，经过空间叠加、分类归组、琐碎图斑归并、地块编码、属性赋值、制图综合等处理手段，形成"水保斑"图层。这样形成的图层地块不仅考虑了流域的地貌特点，又兼顾了土地利用、综合治理措施和土壤现状特点。多因子空间叠加后，会产生大量的琐碎图斑，需要进行图斑综合，对琐碎的图斑进行消除和融合。笔者通过实地抽查与调查相结合，修改水土保持基础单元边界，最终获得水土保持基础单元划分数据，具体见图5-8。

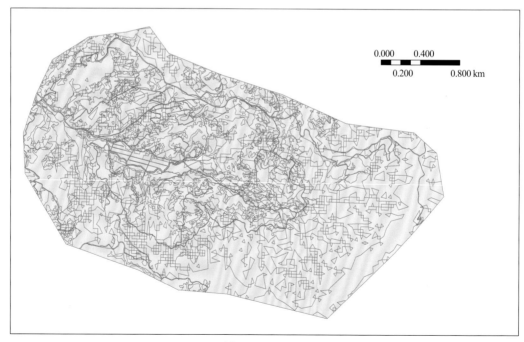

（a）群英小流域基础单元划分

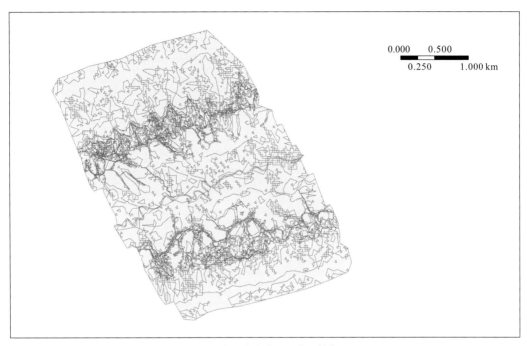

（b）安民小流域基础单元划分

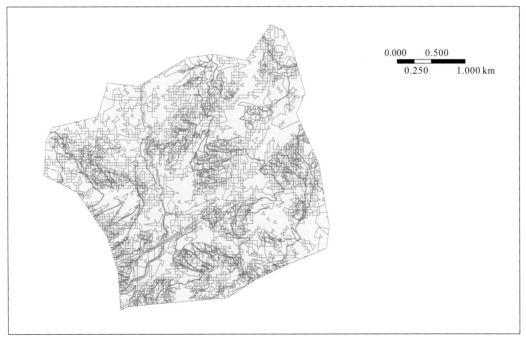

（c）北山小流域基础单元划分

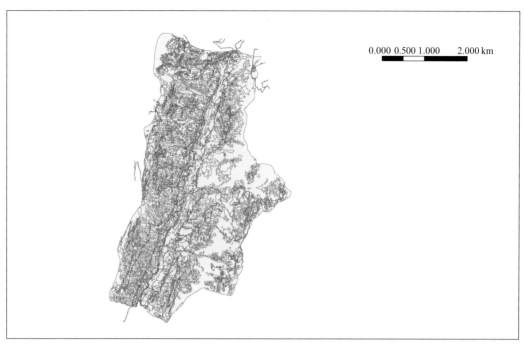

（d）王家桥小流域基础单元划分

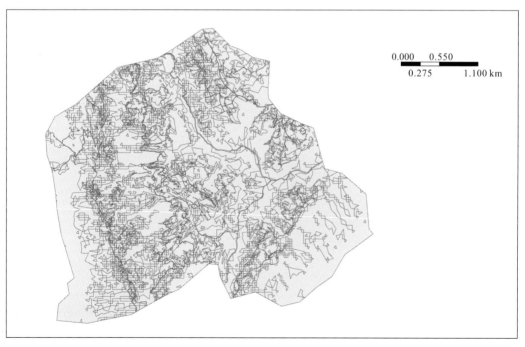

（e）户溪小流域基础单元划分

图 5-8 水土保持基础单元划分结果

5.2　水土保持工程效益空间辐射域

本书以水土保持基础管理单元为研究对象，结合水土保持工程信息库，针对不同类型的水土保持工程措施，综合考虑空间位置及工程属性，开展基础管理单元内水土保持工程措施和水土保持效益的响应关系研究。针对点状、线状、面状水土保持工程措施，综合考虑位置、质量、运行状态、影响范围等工程属性，笔者分别构建效益空间权重指数，建立适用于基础管理单元的空间网格，对综合效益进行空间分解和关联，同时结合泥沙路径分析，计算出不同工程措施的水土保持效益及空间辐射域，为水土保持规划布局提供依据。

水土保持工程效益空间辐射域提取流程如图 5-9 所示。

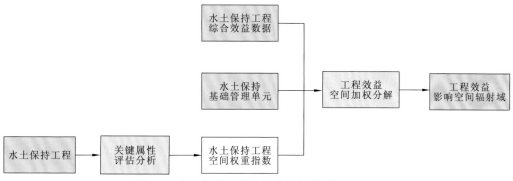

图 5-9　水土保持工程效益空间辐射域提取流程

本书按照不同类型的距离参数和工程措施效益减沙贡献率进行双重加权，对效益图层进行空间加权分解生成空间辐射域。其中反距离权重法（inverse distance weighted，IDW）主要依赖于反距离的幂值，幂参数可基于距输出点的距离来控制已知点对内插值的影响。幂参数是一个正实数，默认值为 2.0，取值范围一般为 0.5～3.0。

通过定义更高的幂值，可进一步强调最近点，邻近数据将受到更大影响，表面会变得更不平滑。指定较小的幂值将对距离较远的周围点产生更大的影响，从而导致平面更加平滑。

本书采用的加权函数如下式所示：

$$W_i = \frac{h_i^{-p}}{\sum\limits_{j=1}^{n} h_j^{-p}} \tag{5-1}$$

式中：W_i 为第 i 个离散点的权重值；p 为任意实数，通常 p=2；n 为离散点的总数；j 为循环计数；h_i 为第 i 个离散点到插值点的距离；h_j 为第 j 个离散点到插值点的距离。

h_i计算公式如下：

$$h_i = \sqrt{(x - x_i)^2 + (y - y_i)^2} \tag{5-2}$$

式中：(x, y)为插值点坐标；(x_i, y_i)为离散点坐标。

因为反距离权重公式与任何实际的物理过程都不关联，所以无法确定特定幂值是否过大，如果距离或幂值较大，则可能生成错误结果。

为避免产生错误的距离权重系数，本书采用的加权函数通过最大距离倒数差值计算，公式如下所示：

$$W_i = \frac{\left(\dfrac{D - h_i}{D h_i}\right) i^2}{\sum\limits_{j=1}^{n}\left(\dfrac{D - h_j}{D h_j}\right)^2} \tag{5-3}$$

式中：D 为插值点到最远离散点的距离。

工程措施效益权重采用减沙贡献率的比例进行取值，5 个典型小流域各水土保持工程措施类型权重取值如表 5-1 所示。

表 5-1　各水土保持工程措施类型权重取值表

小流域名称	梯田	水平阶	地埂	坡面小型截排蓄工程
群英小流域	0.570 1	0.312 1	0.117 8	0.000 0
安民小流域	0.765 9	0.188 1	0.000 0	0.046 0
北山小流域	0.804 1	0.168 9	0.000 0	0.027 0
王家桥小流域	0.768 6	0.173 6	0.057 6	0.000 2
户溪小流域	0.992 3	0.007 4	0.000 0	0.000 3

运用反距离权重系数和水土保持工程措施效益权重系数对空间效益图层进行加权运算，对每一个空间网格进行多重措施影响权重计算，再逐个遍历网格，寻找影响最大的措施类型，并确定该网格在该措施的影响域，以此类推。结合坡面汇流方向，对水土保持工程措施坡面下游方向的影响范围进行剔除，形成水土保持工程效益空间辐射域。水土保持工程效益空间辐射域提取结果如图 5-10。

笔者通过对水土保持工程效益空间辐射域提取结果分析，发现水土保持类工程措施除对所在的空间单元产生减少土壤侵蚀的效益外，还对坡面上游流失的泥沙能够进行有效拦截，最终达到减少入库泥沙的目的。

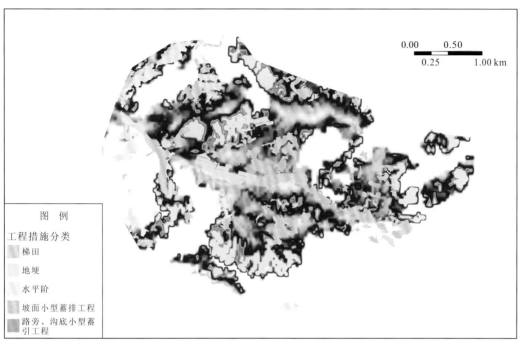

（a）群英小流域工程效益空间辐射域

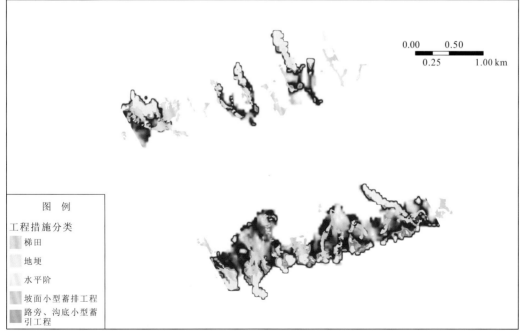

（b）安民小流域工程效益空间辐射域

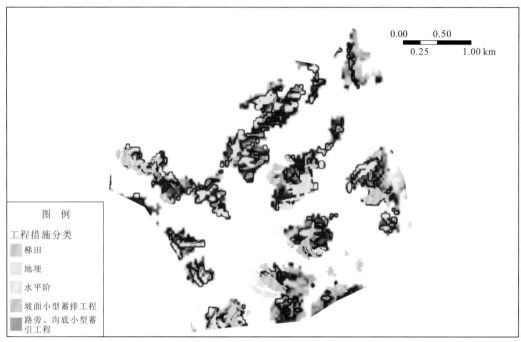

0.00　　　0.50

0.25　　　1.00 km

图　例

图　例

工程措施分类

梯田

地埂

水平阶

坡面小型蓄排工程

路旁、沟底小型蓄
引工程

（c）北山小流域工程效益空间辐射域

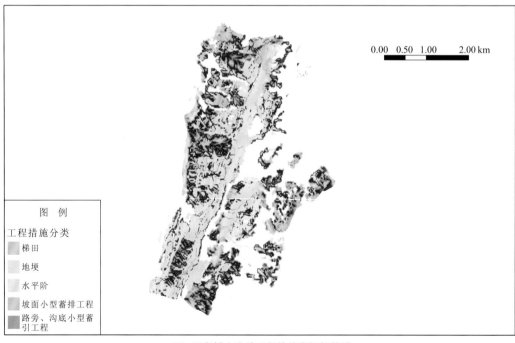

0.00　0.50　1.00　　2.00 km

图　例

工程措施分类

梯田

地埂

水平阶

坡面小型蓄排工程

路旁、沟底小型蓄
引工程

（d）王家桥小流域工程效益空间辐射域

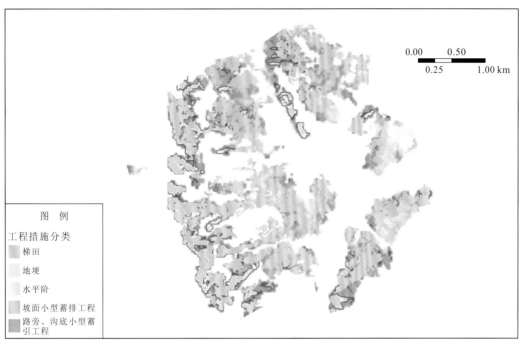

（e）户溪小流域工程效益空间辐射域

图 5-10　水土保持工程效益空间辐射域提取结果

5.3　水土保持工程效益图谱

在地学研究领域，早已有了"图谱"的传统研究模式，如地带性图谱、空间格局图谱、过程图谱、旋律图谱和区域分异图谱等。地学图谱是客观存在的，它是对现代空间格局的真实表达，不仅能具体反映要素或现象的空间分布、组合、相互联系和相互制约关系，而且还能根据景观演变过程中所遗留的种种痕迹，分析反演历史变化过程，同时还能借助图形运算来推理预测未来。

本书采用核密度分析法来计算水土保持工程措施效益在其周围邻域中的密度，进而绘制效益图谱。

核密度分析法用于计算每个输出栅格像元周围的点要素的密度。每个点上方均覆盖一个平滑曲面，在点所在位置处表面值最高，随着与点的距离的增大表面值逐渐减小，在与点的距离等于搜索半径的位置处表面值为零，该方法仅允许使用圆形邻域。每个输出栅格像元的密度均为叠加在栅格像元中心的所有核表面的值之和。

默认搜索半径（同时也被称为带宽）的算法如下所示。

（1）计算输入点的平均中心。如果所选的数值统计字段使用的值不是 None，则此计算以下的所有计算都将通过该字段中的值进行加权。

（2）计算与所有点的（加权）平均中心之间的距离。

（3）计算这些距离的（加权）中值距离 D_m。

（4）计算（加权）标准距离 SD。

（5）使用以下公式计算默认搜索半径：

$$默认搜索半径 = 0.9 \times \min\left(SD, \sqrt{\frac{1}{\ln 2} \times D_m}\right) \times n^{-0.2} \tag{5-4}$$

式中：SD 为标准距离；D_m 为中值距离；如果未使用数值统计字段，则 n 是点数，反之，n 则是数值统计字段值的总和。

通过计算得出工程措施效益的核密度分析结果，具体如图 5-11 所示。

本书针对空间效益作相对值对比，对核密度数值均归一化至 0～100，以便不同小流域之间对比，通过分析工程措施效益密度和工程措施空间关系，计算得出不同水土保持工程措施单位面积效益密度，具体如表 5-2 所示。

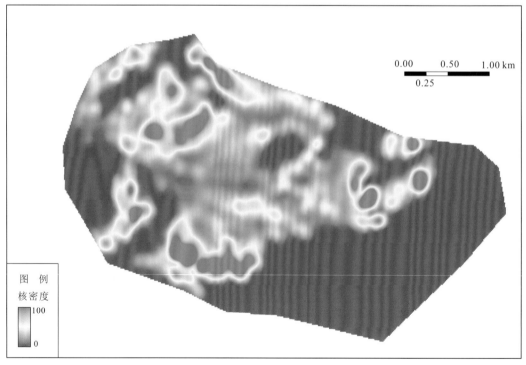

（a）群英小流域工程措施效益核密度分布

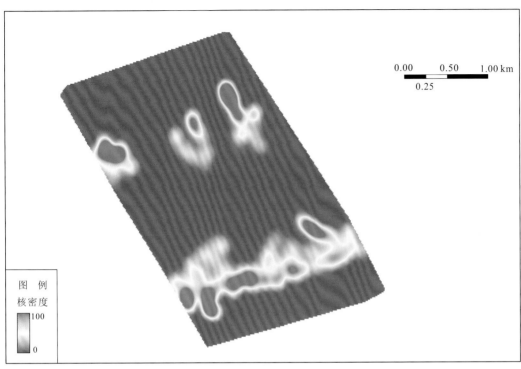

（b）安民小流域工程措施效益核密度分布

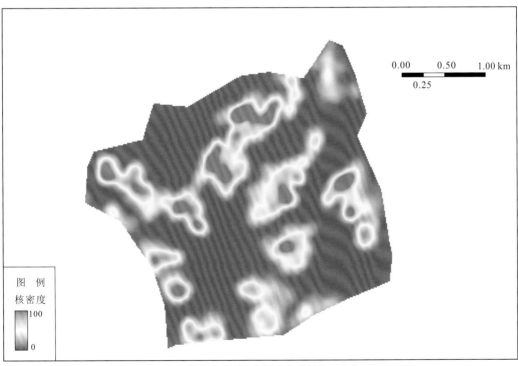

（c）北山小流域工程措施效益核密度分布

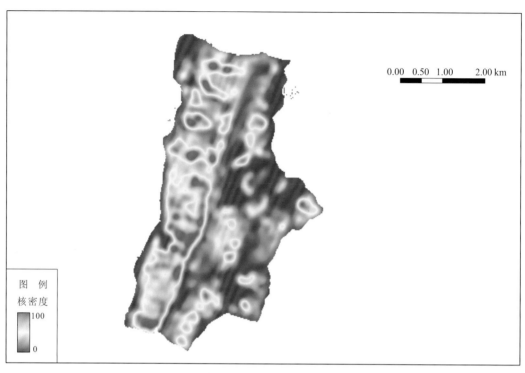

（d）王家桥小流域工程措施效益核密度分布

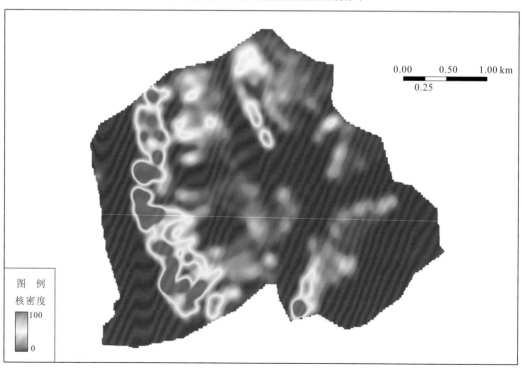

（e）户溪小流域工程措施效益核密度分布

图 5-11　工程措施效益核密度图谱

表 5-2　不同水土保持工程措施单位面积效益密度

小流域名称	梯田	水平阶	地埂	坡面小型截排蓄工程
群英小流域	30.63	39.98	29.39	0.00
安民小流域	22.08	48.58	8.14	21.20
北山小流域	23.87	47.66	0.00	28.47
王家桥小流域	36.36	43.38	0.00	20.26
户溪小流域	43.05	12.53	41.16	3.26

对比可见，梯田和水平阶两个工程措施类型效益密度较高，说明在三峡库区水土保持治理中，这两个工程措施的保土效果明显。水平阶的效益密度大于梯田效益密度（户溪小流域除外），主要是因研究选取的 5 个小流域中水平阶工程面积远大于梯田，其空间辐射域较大，对上游拦沙效果明显，导致该措施整体拦沙效益最高。考虑建设成本问题，地方治理也多采用水平阶措施，数据分析结果与小流域实地调研结果基本吻合。

5.4　本章小结

笔者综合运用遥感解译、水文分析和地形分析方法，通过提取植被覆盖、地形地貌、集水区、沟缘线等专题图层，并进行空间叠置和综合处理生成水土保持基础管理单元图层；运用反距离权重系数和水土保持工程措施效益权重系数对空间效益图层进行加权运算，分析水土保持工程效益空间辐射域，采用核密度分析法绘制出水土保持工程效益图谱。

第 6 章

三峡库区水土保持提质增效模式

6.1　小流域治理存在的不足

　　各小流域通过治理均取得了显著成效，但面对新时代水土保持高质量发展要求，小流域治理仍有亟待解决和改进的地方。

　　（1）根据现场调查，部分小流域水土流失现象依然存在，人为不合理的农业开发是小流域水土流失的主要来源，水土流失主要发生地为疏幼林地、坡耕地和果园等，坡耕地、果园、疏幼林地水土流失现场图如图 6-1～图 6-3 所示。

图 6-1　坡耕地水土流失现场图

　　（2）小流域"开天窗"现象较为普遍，很多水土流失地块未能得到治理，其原因可能是水土保持工程治理实际投资不足，难以满足全覆盖需求，未治理的水土流失地块现场图如图 6-4 所示。

　　（3）在治理地块中，水土保持工程措施损坏时有发生（图 6-5），降低或失去了水土保持功能和效益；局部水土保持工程措施配置较为单一，空间布局科学性不足。

图 6-2　果园水土流失现场图

图 6-3　疏幼林地水土流失现场图

图 6-4　小流域未治理的水土流失地块现场图

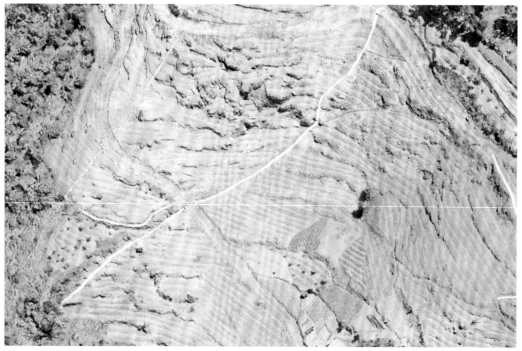

图 6-5　水土保持工程措施损坏现场图

6.2　基于保土减污的小流域水土保持提质增效模式

6.2.1　指导思想

针对目前水土流失治理存在的不足，为指导三峡库区小流域水土流失综合治理，实现三峡库区水土保持高质量发展，保障三峡库区生态环境稳步提升，紧密围绕"减少入库泥沙、改善库区水质"目标，坚持生态优先、绿色发展，以小流域为单元，统筹山水林田湖草沙系统治理，因地制宜、因害设防，以水土流失与面源污染防治为重点，协同推进流域内水土资源保护、人居环境整治及美丽乡村建设等工作，建设基于保土减污的小流域水土保持提质增效模式。

6.2.2　建设标准

（1）约束性指标：①小流域水土流失综合治理程度大于等于 70%，总体土壤侵蚀强度降到轻度侵蚀以下；②小流域出口水质达到其所处水源保护地等级标准；③工业废水、养殖污水处理率 100%。

（2）参考性指标：①每年化肥施用量小于 250 kg/hm^2，农药施用量小于 25 kg/hm^2；②林草覆盖度大于 50%；③生活污水与垃圾处理率大于 80%。

6.2.3　规划布局

（1）以小流域为单元，根据小流域的自然条件、水土流失与污染状况、人类活动等，将小流域划分为生态修复区、综合治理区和生态保护区等防治分区。

（2）预防保护与综合治理并重，根据不同防治分区特点，因地制宜、因害设防，科学布置各项防治措施。

（3）生态修复区主要指小流域内山高坡陡、人类活动较少的区域。在植被较好的地方采取封育保护措施，设置警示牌和护栏等，依靠大自然的自我修复能力，恢复生态植被，减少人畜破坏；植被稀疏的地方采用迹地更新、补植抚育、疏林补植等多种造林方式减少林地水土流失。

（4）综合治理区主要指位于坡中、坡下和坡脚地区，坡度一般小于 25°，农业生产、村镇建设、风景旅游等人为活动频繁的区域。在人口相对密集的浅山和丘陵地带，农地面积较大，人为活动对环境的干扰较为强烈，控制化肥、农药种类和用量，集中排放点源污染并做达标排放，鼓励使用农家肥、有机肥，发展有机农业；在有灌溉条件的地方采取节水灌溉措施，营造水土保持林；以综合治理为重点，将农村污水和垃圾集中处理、达标排放，美化居住环境；调整农业种植结构，减少化肥和农药的施用量。

（5）生态保护区主要是指流域下游沟道两侧及湖库周边地带，一般为河川地、河滩地等滨水区域。在河道库区周边整治河道，清理垃圾；建设库（河）滨带防护林、林草生物缓冲带，综合利用湿地、水陆交错带和植物生态过渡带拦截泥沙、净化水质、美化环境等，维系河道及湖库周边的生态系统平衡，控制侵蚀，改善水质，美化环境。

6.2.4 建设方案

1. 生态修复区

以防治因地面灌草植被稀疏而导致的近地面植被覆盖不足造成的水土流失为核心，以尽快恢复近地面植被覆盖为目标，通过加强封禁保护、改造立地条件和补植补种等措施，改良立地条件，增加近地面植被覆盖，实现生态改善。

1）加强封禁保护

（1）广辟能源，避免人为破坏。禁止除草、禁止采获林下枯枝落叶层和林下灌草层等措施的采用是人工纯林地生态系统物种多样性恢复的前提。从发展流域经济出发，广辟能源，切实解决农民生活问题，避免对山林植被的继续破坏。

（2）封禁治理。对植被覆盖度大于30%、立地条件较好的人工纯林地，充分利用其水热条件好、植被生长快、自然恢复能力强的有利条件，采取封禁治理，设置警示牌和护栏等，保护母树，减少人为活动和干扰破坏，禁止开垦、割灌等生产活动，依靠生态系统的自我修复能力，增加林下植被覆盖度和生物多样性，改善林分结构。

2）改造立地条件

立地条件是指影响植被的生长发育、形态和生理活动的地貌、气候、土壤、水文、生物等各种外部环境条件，改造立地条件主要有修枝间伐、工程整地、施肥改良等措施。

（1）修枝间伐，增加林内透度。对已成林、生长旺盛、植被覆盖度高的人工纯林地，应采取修枝和适度间伐（"开天窗"），增加林内透光度，改善灌草生长条件。当灌草较为稀少时，可在"天窗"内整地，补植较耐阴的灌木、草本植物，变单层覆盖为乔、灌、草多层覆盖。对密度较大、植被覆盖度高（80%以上）的幼林，可采取两种办法：一是块状间伐，块的大小一般为2 m×2 m、4 m×4 m，呈品字形排列，块间距在15 m左右；二是带状间伐，带宽为树高的1.0～1.5倍，带距为10～15 m。在间伐后的林中空地进行工程整地，种植生长快的阔叶树种和灌、草植被，使其逐步由纯林变成混交林。

（2）工程整地，改变微地形。对灌草层覆盖度小于10%、严重退化的人工纯林地，每隔 15 m 沿坡面等高线布设鱼鳞坑、水平竹节沟等工程，增加地表粗糙度、减缓坡度、截短坡长，改变微地形，从而达到延长径流停蓄时间，增加地表径流入渗，分散坡面径流，有效拦蓄径流泥沙，减轻土壤侵蚀的目的。

（3）施肥改良，改善土壤种植条件。对灌草层覆盖度小于30%、立地条件差的人工纯林地，在沿等高线环山开挖水平竹节沟或挖穴等基础上，施用肥料或土壤改良剂，从而改善土壤种植条件。

3）补植补种

对植被覆盖度小于30%的人工纯林地，应在立地条件改善的基础上，根据"以草起步、草灌先行"的原则，因地制宜补植灌木或种草。

2. 综合治理区

综合治理区水土流失与面源污染主要来源于坡耕地和果园等坡面侵蚀及沟道侵蚀。根据水土流失与面源污染发生地类型，综合治理区主要针对坡耕地、果园和侵蚀性沟道提出其防治措施配置，并协同配套绿色发展和环境整治措施。

鉴于三峡库区自然条件与水土流失特点，以坡耕地、果园为代表的综合治理区应重点以"排水保土"理论为指导，以"坡面径流调控"为核心，充分利用以截排水沟为主的坡面截排蓄工程，对坡面地表径流和壤中流进行安全有效快速排导，减少土壤水分入渗和壤中流的数量及对土壤作用时间，扼制或减少水土流失伴随的地表径流冲刷和壤中流的潜蚀作用，保护土壤抗蚀内聚力，从而实现坡面土壤结构稳定，保护坡耕地和果园土壤资源。

1）坡耕地治理

以实现水土资源可持续利用和改善生态环境为目标，以保障和改善民生为根本，以防治因耕作不当导致的水土流失为核心，通过修筑梯田、采取保土耕作等措施，建设排灌蓄引结合、田水林路配套的优质高效坡耕地，改变微地形，增加植被覆盖度，从而实现坡耕地水土保持与经济发展双赢。具体做法如下。

（1）对坡度>25°的坡耕地应严格按《中华人民共和国水土保持法》要求实施退耕还林还草，根据立地条件和当地社会经济发展需求，配置水土保持林、水土保持经果林、水土保持种草等治理措施。

对立地条件恶化的退耕坡地，根据"以草起步、草灌先行"的原则，配合施肥抚育等，选择抗逆性强、保土性能好、生长速度快的适地草本进行改造，待立地条件逐步改善后，配置水土保持林，种植乔灌种类。

对立地条件较差的退耕坡地，配置一定的整地和抚育措施，种植水土保持林。对立地条件较好的退耕坡地，根据当地社会经济发展需求，选择适宜当地自然条件、适销对路的名、优、特、新品种的经果林。

（2）对坡度≤25°的坡耕地，应根据地形、土壤、降雨等条件，配置梯田、水土保持经果林、保土耕作、坡面小型截排蓄工程、田间道路等治理措施。

（3）对位置较低、土质较好、坡度（相对）较缓、距村庄较近、交通便利、邻近水源的坡耕地，应积极修筑梯田（台地），以坡面小型截排蓄工程和田间道路为骨架，根据坡面地形自上而下沿等高线布设，大弯就势，小弯取直，形成完整的坡改梯治理布局。根据水源和立地条件等，在梯田中可种植农作物或经果林；同时田面可结合间作套种，发展多种经营。

（4）对未布设梯田或水土保持经果林的坡耕地，应配置保土耕作、半透水型截水沟、抗蚀增肥技术等措施。立地条件较好、人多地少时，宜采取间作套种、合理密植、沟垄种植等措施，提高土地利用率。立地条件较差或地多人少时，宜采取轮作、少耕免耕、等高植物篱等措施，保护改良土壤。以细沟临界坡长为间隔，沿等高线布设半透水型截水沟，连接沉沙池和纵向排水沟。田间道路应与半透水型截水沟、排水沟同步规划，并配套布设沉沙池、蓄水池，根据需要实施抗蚀增肥技术，在末级蓄水池出口布设水质处理措施，形成完整的坡（耕）地水土流失防控布局。

2）果园治理

果园治理以改造微地形和增加地面覆盖为核心，通过配置工程整地、增加坡面小型截排蓄工程、覆盖与敷盖、等高植物篱等措施，实现经果林地经济效益与水土保持效益双赢，有条件的地方可采取水肥一体化滴灌等新技术。

（1）工程整地、改变微地形。通过工程整地，以减缓坡度和截短坡长，改变地形条件，降低径流流速和冲刷作用，防止经果林地土、水、肥的损失，为经果林及套种其间的植物生长创造良好的基础条件。①对具备工程整地条件的经果林地，根据地形条件采取鱼鳞坑、水平台地等整地方式，有条件的地方直接按梯田标准修筑梯田；②对已有工程整地或已损坏的经果林地，进行修整或提高标准。

（2）配套坡面小型截排蓄工程。由于降水时空分布极不均匀，在自然条件下，汛期时经果林易遭受暴雨，来不及放渗，产生大量地表径流，冲蚀地表，造成严重水土流失，也易损坏水土保持工程设施，需要人为拦截疏导多余的水流，实现安全排水；旱季干旱少雨，不能满足经果林生长对水分的需要，这就要求人为采取有效措施，弥补自然降水的不足。小型截排蓄工程是通过配套修建截水沟、排水沟、蓄水池、沉沙池等措施，将部分坡面径流拦蓄起来，既减少水土流失危害，又灌溉经果林，满足农业生产，提高果树产量。

（3）增加地面覆盖。利用果园特别是幼龄果园间隙地、路旁、边坡等空地，套种间作耐瘠耐旱、速生快长、适应性强的绿肥植物，它们根系发达，在夏秋暴雨季节，迅速生长，基本能覆盖全园，既减轻果园地表的溅蚀，改善果园生态环境，有利于果树生长，又通过刈草压青或敷盖地表，增加土壤有机质含量，改善土壤的理化性质，增强土壤的抗蚀能力，抑制杂草在空地徒长，达到省肥、省工的目的。

3）侵蚀性沟道治理

本书所称侵蚀性沟道是指坡面上因暂时性流水冲刷破坏土壤及母质，形成切入到地表以下，呈线形伸展的槽形凹地，并仍处于发育过程中的土质沟道或泥沙较多的石质沟道。因此本书确定了以防止沟道侵蚀和拦挡泥沙为核心，以确保下游安全为准则；通过沟头防护、谷坊、拦沙坝等工程措施，防止沟头前进、沟岸扩张、沟底下切；通过水土保持造林，稳定绿化沟道。

4）绿色发展和环境整治

（1）严格控制化肥农药使用。普及推广测土配方施肥，推进精准施肥，不断调整化肥使用结构，改进施肥方式，示范商品有机肥、绿肥、秸秆还田等有机养分替代化肥技术模式，推广实施肥水一体化技术、有机肥替代化肥、冬闲田绿肥种植技术；实行农药减量控害，加快推广应用生物农药、低毒低残留农药，依法禁限高毒农药。普及科学用药知识，推行施药。强化秸秆肥料化、饲料化、能源化、基料化、原料化利用，完善农作物秸秆还田技术模式，加大秸秆还田力度，加强地膜等废弃物处理利用。

（2）生活垃圾处置。对村庄居民生活垃圾进行集中处理，避免垃圾到处堆放，影响村庄美化和居民生活环境，避免因露天堆放垃圾而在降雨冲刷作用下造成的污染。

（3）污水处理。在有条件的区域要加快实施污水管网及处理设施建设改造，在污水无法接入城镇污水管网的区域新建、扩建和改建生活污水处理工程。

（4）乡村绿化美化。通过传统文化村落保护、野生生境及野生动物栖息地保护、生态防护林及乡村绿道建设、小微绿化公园及公共绿地建设、庭院绿化、村庄道路两侧及场院等地的"五堆"（柴、土、粪、垃圾、建筑弃渣）清理整治、生态农业旅游发展等措施，实现保护乡村自然生态、增加乡村生态绿量、提升村容村貌、改善农村人居环境的目标。

3. 生态保护区

1）溪（河）道清理

为保持水域"安全流畅、生态健康、水清景美"的基本功能，应对河沙淤积严重、有漂浮垃圾、杂物的溪（河）道采取清淤疏浚、清理漂浮垃圾等措施，以保障溪（河）道河畅水清。

2）岸坡防护

河（沟）道护岸工程应秉承"安全、生态、舒适、优美"的理念，把保证防洪、排涝、灌溉等基本功能需求与生物多样性恢复和当地居民对自然、亲水的需求结合起来，在适宜条件下，采用植物护岸、木桩护岸、干砌块石护岸、生态砖护岸等具有自然、"可渗透性"特点的生态护岸，使其既满足护堤抗洪作用，也能适合生物生存和繁衍、增强水体自净、调节水量和滞洪补枯。

3）滨岸植物缓冲带

滨岸植物缓冲带具有拦截、过滤、吸收、滞留地表径流和地下渗流中泥沙、养分、杀虫剂和其他有害物质进入河湖水体等功能。

滨岸植物缓冲带建设应以恢复滨岸带自然化率、恢复其水土保持和护岸功能、恢复其水质净化功能、恢复其生物多样性保护功能并兼顾展现独特生态景观效果为主要目标。

滨岸植物缓冲带建设模式应综合研究水位线、坡度、坡向、土壤条件、受干扰因素等因子。位于常水位以下的浅水区，以净化水质、恢复生物多样性为主要功能，采用补植适量水生植物措施为主；位于常水位至洪水位之间变动区域，应以水土保持与护岸功能为主，同时需要减少人为侵占和干扰，可采用生态护岸设计，植物以耐水湿、深根固土能力强的灌草为主；位于洪水位以上区域，应以生物多样性保护、水质净化为主，同时兼顾绿化、美化效果，植物宜考虑不同花期、不同生长周期的植物，营造四季不同景观。

6.3　本章小结

为实现三峡库区水土保持高质量发展，保障库区生态环境稳步提升，针对目前水土流失治理存在的不足，指导小流域水土流失综合治理，紧密围绕"减少入库泥沙、改善库区水质"目标，坚持生态优先、绿色发展，以小流域为单元，统筹山水林田湖草沙系统治理，因地制宜、因害设防；以水土流失与面源污染防治为重点，协同推进流域内水土资源保护、人居环境整治及美丽乡村建设等工作，探索性提出基于保土减污的小流域水土保持提质增效模式。

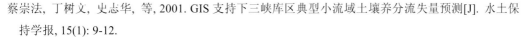
蔡崇法, 丁树文, 史志华, 等, 2001. GIS 支持下三峡库区典型小流域土壤养分流失量预测[J]. 水土保持学报, 15(1): 9-12.

蔡强国, 刘纪根, 2003. 关于我国土壤侵蚀模型研究进展[J]. 地理科学进展, 22(3): 142-150.

陈衍泰, 陈国宏, 李美娟, 2004. 综合评价方法分类及研究进展[J]. 管理科学学报, 7(2): 69-79.

符素华, 刘宝元, 2002. 土壤侵蚀量预报模型研究进展[J]. 地球科学进展, 17(1): 78-84.

国家技术监督局, 1995. 水土保持综合治理效益计算方法: GB/T 15774—1995[S]. 北京: 国家技术监督局.

国务院, 1988. 国务院关于将长江上游列为全国水土保持重点防治区的批复[R]. 北京: 国务院.

李梦辰, 2013. 基于 BP 神经网络的水土保持综合效益评价: 南之沟小流域应用分析[D]. 西安: 西安理工大学.

李智广, 李锐, 杨勤科, 等, 1998. 小流域治理综合效益评价指标体系研究[J]. 水土保持通报, S1: 71-75.

廖纯艳, 2009. 三峡库区水土流失防治的实践与发展对策[J]. 中国水土保持, 1: 1-3, 51.

廖炜, 杨芬, 吴宜进, 等, 2014. 基于物元可拓模型的水土保持综合效益评价[J]. 长江流域资源与环境, 23(10): 1464-1471.

刘宝元, 谢云, 张科利, 2001. 土壤侵蚀预报模型[M]. 北京: 中国科学技术出版社.

刘宝元, 毕小刚, 符素华, 等, 2010. 北京土壤流失方程[M]. 北京: 科学出版社.

刘彬彬, 邸利, 马晓燕, 等, 2014. 定西市安定区不同水土保持措施结构下综合效益评价[J]. 水土保持研究, 21(3): 152-156.

楼文高, 2007. 基于 BP 网络的水土保持可持续发展评价模型[J]. 人民黄河, 29(8): 52-54.

潘希, 罗伟, 段兴武, 等, 2020. 水土保持效益评价方法研究进展[J]. 中国水土保持科学, 18(1): 140-150.

蒲朝勇, 2019. 认真贯彻落实新时期水利改革发展总基调总思路推动水土保持强监管补短板落地见效[J]. 中国水土保持, 1: 1-4.

蒲朝勇, 2021-01-13. 推动水土保持强监管补短板向纵深发展 为建设人与自然和谐共生的现代化提供支撑[N]. 中国水利报[2022-10-17].

王昌高, 吴卿, 史学建, 等, 2003. 水土保持生态工程经济评价中几个问题的探讨[J]. 水土保持通报, 23(4): 78.

王国振, 2020. 丹江口库区及上游水土保持工程生态效益评价[D]. 咸阳: 中国科学院大学(中国科学院教育部水土保持与生态环境研究中心).

王禹生, 田红, 1999. 铁瓦河小流域水土保持经济效益计算[J]. 人民长江, 30(4): 27-30.

王泽元, 康玲玲, 杨洲, 等, 2016. 水土保持效益分析与评价浅析[J]. 水土保持, 4(1): 1-6.

韦杰, 贺秀斌, 汪涌, 等, 2007. 基于 DPSIR 概念框架的区域水土保持效益评价新思路[J]. 中国水土保持科学, 5(4): 66-69.

文安邦, 张信宝, 王玉宽, 等. 2001. 长江上游紫色土坡耕地土壤侵蚀^{137}Cs 示踪法研究[J]. 山地学报, 19(S1): 56-59.

吴高伟, 王瑄, 2008. 遗传算法在水土保持综合效益评价中的应用初探[J]. 水土保持研究, 15(3): 223-225.

徐伟铭, 陆在宝, 肖桂荣, 2016. 基于遗传算法的水土保持措施空间优化配置[J]. 中国水土保持科学, 14(6): 114-124.

杨文治, 余存祖, 1992. 黄土高原区域治理与评价[M]. 北京: 科学出版社.

姚文波, 刘文兆, 赵安成, 等, 2009. 水土保持效益评价指标研究[J]. 中国水土保持科学, 7(1): 112-117.

叶芝菡, 刘宝元, 符素华, 等, 2009. 土壤侵蚀过程中的养分富集率研究综述[J]. 中国水土保持科学, 7(1): 124-130.

尹辉, 蒋忠诚, 罗为群, 等, 2010. 湘中丘陵区水土保持效益综合评价[J]. 中国水土保持, 12: 50-53.

张金慧, 尤伟, 2019. 明确目标 狠抓落实 推动水土保持强监管补短板成体系见实效: 访水利部水土保持司司长蒲朝勇[J]. 中国水利, 24: 21-22.

张科利, 彭文英, 杨红丽, 2007. 中国土壤可蚀性值及其估算[J]. 土壤学报, 44(1): 7-13.

张平仓, 程冬兵, 2017. 细沟作为坡面水土流失红线监测标志可行性探讨[J]. 中国水利, 16: 42-44.

赵健, 肖翔, 涂人猛, 2015. 三峡库区"长治"工程建设成效分析[J]. 长江科学院院报, 32(3): 7-9, 19.

赵建民, 李靖, 2012. 基于生态系统服务的水土保持综合效益评价研究[M]. 银川: 宁夏人民教育出版社.

郑粉莉, 刘峰, 杨勤科, 等, 2001. 土壤侵蚀预报模型研究进展[J]. 水土保持通报, 21(6): 16-18, 32.

中华人民共和国国家质量监督检验检疫总局, 中国国家标准化管理委员会, 2008. 水土保持综合治理效益计算方法: GB/T 15774—2008[S]. 北京: 中国标准出版社.

中华人民共和国水利部, 2003. 2003 全国水土保持监测公报[R/OL]. (2003-12-31)［2022-07-20］. http://www. mwr. gov. cn/sj/tjgb/zgstbcgb/200705/t20070517_861090. html.

中华人民共和国水利部, 2006. 关于划分国家级水土流失重点防治区的公告[R]. 北京: 中华人民共和国水利部.

中华人民共和国水利部, 2011. 2011 中国水土保持公报[R/OL]. (2011-12-31)[2022-07-28].http://www. mwr. gov. cn/sj/tjgb/zgstbcgb/201302/t20130204_861098. html.

中华人民共和国水利部, 2013. 全国水土保持规划国家级水土流失重点预防区和重点治理区复核划分成果[R]. 北京: 中华人民共和国水利部.

中华人民共和国水利部, 2018. 2018 中国水土保持公报[R/OL]. (2019-8-20)［2022-10-17］. http://www.

swcc. org. cn/uploads/soft/ZGSTBCGB2018. pdf.

CARTER M R, SANDERSON J B, PETERS R D, 2009. Long-term conservation tillage in potato rotations in Atlantic Canada: Potato productivity, tuber quality and nutrient content[J]. Canadian journal of plant science, 89(2): 273-280.

HERNÁNDEZ A J, LACASTA C, PASTOR J, 2005. Effects of different management practices on soil conservation and soil water in a rainfed olive orchard[J]. Agricultural water management, 77(1/3): 232-248.

JENSON S K, DOMINGUE J O, 1988. Extracting topographic structure from digital elevation data for geographic information system analysis[J]. Photogrammetric engineering and remote sensing, 54(11): 1593-1600.

LAMBERT D, SCHAIBLE G D, JOHANSSON R, et al., 2007. The value of integrated CEAP-ARMS survey data in conservation program analysis[J]. Journal of soil & water conservation, 62(1): 1-10.

LECUN Y, BOSER B, DENKER J S, et al., 1989. Backpropagation applied to handwritten zip code recognition[J]. Neural computation, 1(4): 541-551.

LIU B, NEARING M A, RISSE L M, 1994. Slope gradient effects on soil loss for steep slopes[J]. Transactions of the ASAE, 37(6): 1835-1840.

MARTZ W, GARBRECHT J, 1992. Numerical definition of drainage network and subcatchment areas from digital elevation models[J]. Computers & geosciences, 18 (6) : 747-761.

PIMENTEL D, HARVEY C, RESOSUDARMO P, et al., 1995. Environmental and economic costs of soil erosion and conservation benefits[J]. Science, 267(5201): 1117-1123.

RENARD K G, FOREST G R, WEEIES G A, et al., 1997. Predicting soil erosion by water: A guide to conservation planning with the revised universal soil loss equation (RUSLE)[M]. Washington, D.C.: Agricultural Research Service.

TRIMBLE S W, 1999. Decreased rates of alluvial sediment storage in the Coon Creek Basin, Wisconsin, 1975-1993[J]. Science, 285(5431): 1244-1246.

WISCHMEIER W H, 1959. A rainfall erosion index for a universal soil-loss equation1[J]. Soil science society of America journal, 23(3): 246-249.

WISCHMEIER W H, SMITH D D, 1965. Predicting rainfall erosion losses from cropland east of the Rocky Mountains: A guide for soil and water conservation planning[M]. Washington, D.C.: Agricultural Research Service.

WISCHMEIER W H, JOHNSON C B, CROSS B V, 1971. A soil erodibility nomograph for farmland and construction sites[J]. Journal of soil and water conservation, 26(6): 189-193.